gutes leben
bene!

Woran wir heute forschen.
Was wir längst über das Morgen wissen.
Und weshalb wir Hoffnung haben können.

ZUKUNFTS LUST

Prof. Dr.
Achim Kampker

Der beste Weg,
die Zukunft vorherzusagen,
ist der, sie selbst zu gestalten.

Abraham Lincoln

INHALTSVERZEICHNIS

KAPITEL 1

RÜCKBLICKE – AUSBLICKE – EINBLICKE

IN EINEM LAND VOR UNSERER ZEIT

70 000 Jahre vor Christus // Nach verheerenden Vulkanausbrüchen hat sich das Klima dramatisch verändert. Es gibt nur noch wenige Tausend Menschen. Kälte und Dürren überziehen das Land. Ich bin Teil einer kleinen Horde, die nahe Aachen durch die Eifel streift. Wir gehören zu den Letzten unserer Art. Die Stimmung ist düster und depressiv. Eisige Temperaturen und Nässe machen uns schwer zu schaffen. Kaum jemand von uns hat noch Hoffnung, viele sehnen sich nach den guten alten Zeiten, an die sich die wenigen Alten noch erinnern. Ständig sind wir auf der Suche nach etwas Essbarem. Alles, was wir finden, und jedes Wild, das wir erlegen, muss sofort verzehrt werden, weil es ansonsten schnell verdirbt.

Wir kommen in ein schweres Gewitter. Ein gewaltiger Blitz schlägt in die alte Eiche ein, unter der einige von uns Schutz gesucht haben. Den Überlebenden sitzt der Schrecken in den Gliedern. Von nun an werden wir die Kraft des Feuers nutzen. Indem wir trockene Äste herbeischaffen, halten wir das Feuer am Leben. Mehr noch: Wir lernen, das Feuer nicht nur zum Wärmen zu nutzen, sondern auch, damit Speisen zu garen und sie haltbar zu machen. Was wir zu dieser Zeit noch nicht wissen: Einige Generationen später wird jemand entdecken, wie sich mit Feuerstein und Pyrit neues Feuer entzünden lässt. Eine der wichtigsten Entdeckungen der Menschheit, eine neue Entwicklung – nennen wir sie ruhig »Technologie«.

Das Wissen bringt den Wendepunkt. Die Menschheit breitet sich wieder aus, weil sie gelernt hat, sich in einer unwirtlichen Situation zu behaupten und Neues zu lernen, das das Überleben sichert. In einem Gebiet nahe der heutigen Stadt Aachen gibt es größere Vorkommen von Feuersteinen. Sie werden abgebaut, bearbeitet und mit Menschen anderer Herkunft getauscht. Das ist die Basis für die ersten Siedlungsansätze in dieser Region. Dabei standen die Siedlerinnen und Siedler der damaligen Zeit, glaubt man den Genanalysen einiger renommierter Wissenschaftler, kurz vor dem Aussterben – noch bevor die Menschheit sich überhaupt richtig entfaltet hatte.

*

9 vor Christus // Arminius führt eine Gruppe von römischen Hilfstruppen durch die germanische Provinz, irgendwo zwischen Rhein und Maas. Die Gruppe, der ich angehöre, kommt nur langsam voran. Die Umgebung ist sumpfig und von Wäldern bedeckt. Die Vorhut ist darauf bedacht, das Fortschreiten unseres Hauptzugs zu sichern. In einem Talkessel angelangt, melden die Späher, dass heißes Wasser aus dem Boden dringt. Die Temperatur ist sehr einladend, aber in der Luft hängt ein dumpfer Gestank von faulen Eiern. Dennoch: Arminius' Interesse ist geweckt. Er kennt solche heißen Quellen von seinen früheren Reisen – und entscheidet, dass unsere Legion hier ihr Lager aufschlägt. Eine Wohltat im ansonsten so nassen und ungemütlich kalten Germanien.

Die Natur hat Geduld. Veränderungen und Erträge bemessen sich in Jahreszeiten, Jahren, Jahrhunderten, immer in Kreisläufen. Seit jeher nutzen die Menschen die Gegebenheiten der Schöpfung. Was die Truppe zu dieser Zeit noch nicht wusste: Heiße Quellen werden es den römischen Besatzern später ermöglichen, Badeanstalten zu betreiben und das raue Leben erträglich zu machen. So entsteht nach und nach die römische Siedlung »Aquis Grana«. In den vielen Jahrzehnten deutscher Könige und Kaiser erhält Aachen das Münzrecht und andere wichtige Stadtrechte. Wohlstand entsteht – der durch die Grausamkeiten des 30-jährigen Krieges brutal vernichtet wird.

Die dunkle Seite des Menschen verlangt ihren Tribut: Krankheiten und Hungersnöte fordern Tausende von Todesopfern. Intoleranz ist es, die immer wieder großes Leid und Rückschritt mit sich bringt – manchmal lokal, häufig global, und in jedem Fall fatal. Eine florierende Gesellschaft lebt davon, dass Unterschiede akzeptiert werden und alle das Existenzrecht Andersdenkender achten. Wo dies gelebt wird, ist wirtschaftliche Blüte die Folge. Unterschiedliche Ansätze können miteinander im Wettbewerb stehen, aber auch voneinander lernen. Das zeigt und lehrt uns die Geschichte aller Epochen, seit es den Menschen gibt.

*

Zeitraffer // Nach zwölf Stunden harter Arbeit stehe ich vor dem Tor der Fabrik im Aachener Bezirk »Rothe Erde«. Ringsum rauchen die Schlote, der Rauch verdunkelt den Horizont. Aus England ist die Dampfmaschine über Lüttich nach Aachen gekommen, hier ist die erste Waggonfabrik Deutschlands entstanden.

Viele Jahre später wird dies für die Elektromobilität noch einmal eine besondere Rolle spielen. Die industrielle Revolution: Sie bedeutet vor allem für die Arbeiter auch viel Leid – für das es soziale Antworten braucht. Die Kur- und Kaiserstadt Aachen ist nicht nur so etwas wie Deutschlands Tor zur Industrialisierung, sie wird auch zum Vorreiter für die katholische Soziallehre. Obwohl die Domstadt zur Heimat bekannter Fahrzeugbauer geworden ist, misslingt ihr zwischen den beiden Weltkriegen der Sprung von der Manufaktur in die Massenproduktion. Der Automobilsektor floriert stattdessen in den Vereinigten Staaten von Amerika – mit Ford und Fließmontage, die dem Fortschritt durch Fertigung am Fließband den Weg bereitet. Es beginnt der industrielle Niedergang Aachens, der bis heute fortbesteht.

ABSTECHER IN DIE GEGENWART

Für alle Zeiten gilt: Nichts hat auf Dauer Bestand, alles ist im Wandel. Erfolg ist nicht in Stein gemeißelt. Metropolen von anno dazumal sind heute oft bedeutungslos. Um unseren Status quo nicht zu verlieren, müssen wir uns immer wieder neu erfinden und dafür selbst Innovationen schaffen – oder schnell diejenigen aus anderen Regionen aufgreifen. Wenn wir das Morgen für uns gewinnen wollen, müssen wir die Zeit in allen ihren Dimensionen denken. Dazu gehört,

1. die Zustände in der Vergangenheit erklären zu können,
2. die Veränderungen im Jetzt zu verstehen,
3. die Ungewissheit der Zukunft durch Handeln beherrschbar zu machen.

Die Natur genau zu beobachten und unsere Erkenntnisse in nutzbare Technologien zu übersetzen, ist eine der wichtigsten Botschaften aus den vergangenen Epochen. Einfache Lösungen gibt es selten. Mut und Demut, Ausdauer und kollektiver Wille sind nötig. Kooperation in Form von Austausch und Handel gehören seit jeher zu den Erfolgsbausteinen der Menschheitsgeschichte. Existenzielle Bedrohungen sind uns nicht fremd, und wir haben Krisen immer wieder gemeistert.

*

Was ist aus Aachen nach all den Jahrzehnten, Jahrhunderten und Jahrtausenden geworden? Was hat Aachen heute zu bieten? Brunnen und Bäder, Kirchen und Parks, Museen und Denkmäler. Eine Heimat für weltoffene Menschen im Herzen Europas. Auf der Landkarte eine durchschnittliche deutsche Stadt mit 250 000 Einwohnern, heute auch für ihre Technische Universität mit mehr als 50 000 Studierenden bekannt. Neben der Ausbildung spielt an der Hochschule auch der Forschungsbetrieb eine wichtige Rolle, der durch eine an mehreren Stellen enge Verbindung zur Industrie großes Potenzial besitzt. Bloß wird es nicht immer gehoben.

In ganz Deutschland mangelt es nicht an Ideen. Es mangelt an ihrer Umsetzung. Aus der Vergangenheit können wir lernen, dass es nicht allein von den Rahmenbedingungen abhängt, wie sich alles entwickelt, sondern auch immer davon, was wir als Menschen aus den Chancen und Risiken machen. Es kommt auf uns, auf jedes Individuum an, wenn es darum geht, wie unsere Zukunft aussieht. Die gesellschaftliche Zukunft zu bestimmen ist eine Gemeinschaftsaufgabe. Soziale Visionen funktionieren nicht im Alleingang.

Reisen wir am Beispiel Aachens in die Zukunft, ins *Humanotop* – eine menschliche Siedlung, die in der Lage ist, sich konstruktiv weiterzuentwickeln, und die damit allen als Magnet und Vorbild dienen kann, die auch für die kommenden Jahrzehnte auf ein menschenwürdiges Leben hoffen. Aachen und seine ländliche Umgebung stehen dabei sinnbildlich für zahlreiche deutsche Städteregionen: ein Oberzentrum mit vielen kleineren Kommunen im Umland. Was in Aachen funktioniert, hat gute Chancen, auch in vielen anderen deutschen Regionen Kraft und Wirkung zu entfalten.

AUSFLUG INS ÜBERMORGEN

Sommer 2050 // Ich reise im *Air Taxi* von Paris nach Aachen. Wir schweben über dichtem Wald und orientieren uns dabei an den Schneisen der alten Autobahnen unter uns. Die Trassen sind noch sichtbar, dienen heute aber als Standort für Solaranlagen, die als Energieadern die Gegend durchziehen. Bei unserem Flug überqueren wir immer wieder Areale der Landwirtschaft, die heute dezentral organisiert ist, aber in ihrer Produktivität massiv zugenommen hat. Ich blicke auf kleine, von Hecken abgetrennte Felder. Auf ihnen gibt es viel Bewegung: Vollautomatisierte und durch künstliche Intelligenz gesteuerte Roboter jäten Unkraut, bewässern und hegen die Nutzpflanzen. Die Vielfalt der Gewächse macht sie widerstandsfähiger gegen Schädlinge und Krankheiten. Altes Wissen über die ideale Kombination von Pflanzen vereint sich mit höchsten Ansprüchen an technologische Lösungen.

Mit mir sind vier weitere Menschen an Bord. Neben mir sitzt Marius, mit dem ich einst in Afrika gewesen bin, und ihm gegenüber Lilian, die ich seit zwei Jahren zum ersten Mal wiedersehe. Neben ihr befindet sich Heinz – ein befreundeter Unternehmer – und eine mir unbekannte Person. Mein Blick schweift wieder nach unten. In der Nähe der menschlichen Siedlungsgebiete ist das dichte Grün zu »essbaren Wäldern« umgewandelt worden. Dabei werden die drei natürlichen Ebenen des Waldes – Beere, Strauch und Baum – nutzbar gemacht und stetig optimiert. Die gesamte Landschaft ist von zahlreichen kleinen Teichen und Seen durchzogen, die dabei helfen, den Wasserbedarf für Pflanzen, Menschen und Tiere über das Jahr hinweg gut zu verteilen. Immer wieder blicken wir auch auf Gewächshäuser, die mit Solaranlagen bestückt sind. Lang gezogene Röhren in den Glasbauten geben mal rotes, mal grünes Licht von sich. »Was ist das denn?«, denke ich.

Mein Gegenüber schaut mich an und lacht. Erst da merke ich, dass ich in meiner Verwunderung halblaut vor mich hin gesprochen habe. Meinem alten Bekannten Heinz gehören viele dieser Gewächshäuser, und jetzt sprudelt es aus ihm heraus, was es damit auf sich hat. »Vor vielen Jahren war in mir der Gedanke gereift, dass Gewächshäuser ideal für Solaranlagen sind«, erklärt er. »Deshalb kaufe ich stillgelegte Gewächshäuser auf und bestückte sie mit Solarzellen. Danach hatte sich zufällig die Idee ergeben, sie für die Produktion von Algen zu nutzen. Aber nicht irgendwelche, sondern Algen, die rot werden, wenn man sie ärgert«, sagt er und lacht wieder. »Sie werden in langen Röhren gezüchtet. Wenn man sie unter Stress setzt, werden sie rot, lachsrot, und produzieren Astaxanthin, einen Stoff, der als Lebensmittel und als Zusatz genutzt wird.« Heinz weiß, wovon er spricht. Damals, im Jahr 2024, hatte er die Ostsee buchstäblich vor dem »Umkippen« gerettet – doch dazu später mehr.

Im Landeanflug auf Aachen kreuzen wir die gut ausgebaute Schnellzugverbindung. Eine dieser Bahnen, die im 15-Minuten-Takt vorbeirauschen, fährt gerade in einiger Entfernung. Ein Blick auf meinen *Health Tracker* zeigt mir, dass

URBANE GÄRTEN

DROHNENTAXI

AUTOBAHN MIT SOLARANLAGE

E–TRUCKS

ELEKTROAUTOS

AIXPONIC – ALGEN

GEWÄCHSHÄUSER MIT SOLARDÄCHERN

MENSCHEN IN DER STADT

alles in Ordnung ist. Meine Kleidung beherbergt auf meinen Wunsch hin unterschiedliche Funktionen, die zahlreiche Gesundheitsparameter aufnehmen, diese mit Datenbanken und Risikofaktoren abgleichen und eventuell notwendige Maßnahmen anzeigen. Die Diagnose »Alles okay« deckt sich mit meinem morgendlichen Blick in den Spiegel, der meine Augen scannt und dadurch viele Krankheiten frühzeitig erkennen kann. Immerhin bin ich mittlerweile 74 Jahre alt und möchte noch eine ganze Zeit lang in verschiedenen Gremien mitwirken. Zum Beispiel in den lokalen Räten, die vor Ort die meisten Entscheidungen treffen, einen Querschnitt der Bevölkerung abbilden und viel dazu beigetragen haben, dass wir als Gesellschaft hinter dem Wandel stehen, den wir in den vergangenen Jahren erfolgreich vorangetrieben haben.

Kurz bevor wir am Lousberg ankommen, einer Aachener Anhöhe, von der aus man gut die gesamte Stadt überblicken kann, laufen auf dem in meine Brille eingelassenen Prompter aktuelle Nachrichten – zum Beispiel über die erste deutsche Produktionsstätte im Orbit, in der Rohstoffe aus dem All verarbeitet und als Zwischenprodukte auf die Erde transportiert werden. In der Umlaufbahn gibt es pausenlos Solarstrom, weshalb Industriebetriebe einige ihrer energieintensiven Produktionsschritte dort oben absolvieren. Längst ist die kommerzielle Raumfahrt auf einem guten Weg, den sie in den 2020er-Jahren zaghaft eingeschlagen hatte. Damals ging es hauptsächlich noch um reine Erfahrungen, doch inzwischen ist aus dieser Pionierleistung ein wichtiger Wirtschaftsfaktor geworden. Glücklicherweise ist Europa vorne mit dabei, nachdem wir verstanden hatten, dass sich enorme Chancen bieten, die vieles verändern werden – ähnlich wie die neuerliche Entdeckung Amerikas vor so langer Zeit. Den Anfang der Produktion im und für den Weltraum machte damals die Serienherstellung von Kleinsatelliten, und von dort aus ging es richtig los. Vergleichbar mit der einstigen Erforschung der irdischen Meere, war es gelungen, wieder Begeisterung für das Neue, das Unbekannte zu entfachen.

Wir landen auf dem Lousberg und begeben uns direkt zur Seilbahn, die uns zur Station »Aachen Marktplatz« bringt. Kai-Uwe steigt zu uns in die Gondel, ein Kollege an der *RWTH Aachen* und Erfinder ebenjenes heutigen Mechanismus, der Seilbahnen und Individualverkehr miteinander verknüpft. Ursprünglich für die Raumfahrt entwickelt, wird er jetzt auch genutzt, um in der Luft wie auf dem Boden selbstfahrende Gondeln automatisch an die Seilbahn und wieder von ihr abzukoppeln – ein Adapter, der vieles verändert hat. Auf dem Weg in die Stadt schweben wir über einer einzigartigen Landschaft. Unter der Vegetation verstecken sich begrünte Häuserfassaden, die von oben eher wie bewachsene Hügel und Berge aussehen. Dort, wo wir Teile von Wänden und Fassaden erblicken können, die nicht von Pflanzen oder Solaranlagen bedeckt sind, erkennen wir den Baustoff Holz.

Die alten Straßen wirken wie grüne Adern, die sich durch die Stadt schlängeln und auch den alten Bächen wieder als

Fläche dienen, die aus dem Untergrund zurückgeholt wurden. Im Zuge der notwendigen Kanalsanierung hat die Rohrpost eine Renaissance erlebt. Dank einer modernen Version dieser alten Idee lassen sich zahlreiche Waren einfach per Luftdruck unterirdisch an sämtliche Punkte der Stadt verteilen. Auch sonst ist die Versorgung gelungen: Alle Stadtviertel haben die wichtigsten Dinge, die zum täglichen Leben notwendig sind, in ihre Struktur integriert. Die einstige Trennung zwischen Wohnen, Arbeiten und Einkaufen ist weitgehend aufgehoben – was den Stau verursachenden Mobilitätsbedarf minimiert hat. Mein Mitreisender, Marius, deutet auf die Container zwischen den Häusern. Dort leben zu Hunderttausenden unsere Larven der Schwarzen Soldatenfliege, die zehnmal effizienter als andere Nutztiere sämtliche Reststoffe unserer Nahrung verwerten und so auch das CO_2 im Kreislauf halten.

Apropos »Zusammenhalt«: Der Gemeinsinn der Menschen in den Vierteln ist im Verlauf der Jahre deutlich gestiegen. Man kennt sich und hilft sich gegenseitig. Da viele Funktionen wieder im eigenen Stadtteil angesiedelt sind, gibt es deutlich mehr Kontaktmöglichkeiten und lokale Geschäftsbeziehungen. Auch sprachliche Barrieren sind aus dem Weg geräumt. Der einzige mir unbekannte Mitgereiste aus der Gondel kommt aus dem Fernen Osten und parliert munter im chinesischen Dialekt, der aus der Region um Shanghai stammt. Kein Problem für uns, denn durch die kleinen Mobilstecker in unseren Ohren, deren System heute weit verbreitet ist, verstehen wir sämtliche Sprachen.

Die reine Fokussierung auf CO_2-Reduktion zählt für die Aachener Region längst zur Vergangenheit. Wir haben erkannt, dass wir viel mehr zum Überleben benötigen und die Lösung aus einem System von Kreisläufen und Artenvielfalt besteht. Etliche Spin-off-Betriebe der Hochschule sind zu etablierten, mittelständischen Unternehmen herangewachsen. Innovation wird massiv gefördert, und die Ideen werden in ausgewählten Stadtvierteln frühzeitig erprobt – was den Lernprozess beschleunigt. Die Verbindung von starker Gemeinschaft und hoher Innovationskraft hat Aachen im Dreiländereck zu einem Magneten für Menschen mit Ideen gemacht. Aus ganz Europa zieht es Erfinderinnen und Erfinder, Unternehmerinnen und Unternehmer, Künstlerinnen und Künstler in die Stadt. Genehmigungsprozesse und bürokratische Rahmenbedingungen sind auf ein Minimum reduziert worden. Kurzum: Aachen ist der »Place to be«.

Das Wichtigste aber ist: Der urbane Kolonialismus ist beendet. Städte sind wieder Teil des Kreislaufs und weitgehend autark in ihrer Versorgung mit Wasser, Energie und Lebensmitteln. Die Energiewirtschaft ist auf »Erneuerbare« umgestellt, die Mobilität steht auch durch Seilbahnen hoch im Kurs, die Landwirtschaft ist fest integriert und dem Teufelskreis von immer mehr Pestiziden und Dünger entkommen.

*

Rückkehr in die Gegenwart // Wir sind in die Vergangenheit und in die Zukunft gereist. Aber nicht allein um des Reisens willen. Von unseren kurzen Abstechern haben wir vier wichtige Souvenirs mitgenommen, vier entscheidende Erkenntnisse ergattert:

1. **Die Natur ist der beste Lehrmeister.** Wir dürfen nie aufhören, unsere natürliche Umgebung zu beobachten. Was wir daraus lernen können, müssen wir umsetzen – anstatt auf unserem Irrtum zu bestehen, klüger als die Natur zu sein.

2. **Wir sind unseres Glückes Schmied.** Frieden, Freiheit und Stabilität sind die Basis positiver Entwicklungen. Kriege und Alleingänge führen nie zu einem guten Ziel.

3. **Geduld ist die Mutter aller Dinge.** Veränderung braucht Zeit. Davon dürfen wir uns nicht entmutigen lassen. Unser Weg ist eine beständige Reise.

4. **Sisyphos lässt grüßen.** Nichts ist sicher. Vieles ist mühsam. Unsere Errungenschaften sind keine Selbstverständlichkeit. Wir müssen uns ihren Erhalt jeden Tag neu verdienen. (Im Gegensatz zu der von Sisyphos ist unsere Arbeit allerdings weder ertraglos noch endlos – und daher keine Strafe.)

AUFBRUCH NACH MORGEN

Als Junge habe ich das Waldsterben mit eigenen Augen gesehen und mich an der heftigen Diskussion über die Ursachen beteiligt. Obwohl es nicht zu dem befürchteten Niedergang kam, war die Debatte für mich der Anlass, intensiv über die Natur in meiner unmittelbaren Umgebung nachzudenken. Die Behauptung, es sei alles Panikmache gewesen, schließlich sei das Waldsterben einfach ausgeblieben, ist blanker Unsinn. Man hatte erkannt, dass »saurer Regen« durch Luftverschmutzung der Grund für die verheerenden Schäden an den Bäumen war. Durch eine deutliche Senkung der Verschmutzung konnten wir den Trend umkehren. Ähnliches gilt für die Wasserqualität unserer Seen und Flüsse. Berichte über die Verschmutzung des Rheins als größtem deutschen Fluss gaben damals Anlass zur Sorge um unser Trinkwasser. Auch hier haben wir schließlich Gegenmaßnahmen ergriffen.

Als Neunjähriger wollte ich Landwirt werden, um Ökologie und Ökonomie miteinander zu verbinden. Einen Biobauernhof profitabel zu betreiben war meine erste berufliche Vision. Ich nervte meine gesamte Verwandtschaft mit Detailfragen zu Preisen von Ferkeln, Traktoren, Ackerflächen. Die Antworten waren mir zu karg, sodass ich damit begann, mir Fachliteratur zu besorgen und selbst Wissen anzueignen. In Abwesenheit meiner Mutter hatte ich Hühner erworben und eine kleine Zucht aufgebaut. Die Eier verkaufte ich dann an meine Mutter, ebenso wie die Petersilie und die Handvoll Erdbeeren, die mein kleines Beet hergaben. Mit

16 Jahren und weiterem Wissen aus einem Praktikum auf dem Hof von Verwandten reifte in mir die Erkenntnis, dass ohne immenses Startkapital ein profitabler Betrieb nicht aufzubauen ist. Obwohl ich mich letztlich für ein Maschinenbaustudium entschied, verlor ich meinen Hang zur Landwirtschaft nie. Bald befasste ich mich ausgiebig mit der übergeordneten Frage: Wie kann man umweltschonend produzieren?

Als wissenschaftlicher Mitarbeiter am Werkzeugmaschinenlabor der *RWTH Aachen,* einem der größten Institute in Europa, war ich nahezu überall in der Welt unterwegs und lernte dabei andere Lebens- und Herangehensweisen kennen. Meine erste Reise nach Südafrika ist mir in besonderer Erinnerung geblieben. Aufgebrochen mit einem Gefühl der technischen Überlegenheit, war mir schnell klar geworden, dass wir vom zweitgrößten Kontinent vieles lernen können: Während wir hierzulande versuchen, unsere gewachsenen und teilweise verstaubten Strukturen weiterzuentwickeln, begegnen die Menschen in Afrika ihren Problemen mit großem Pragmatismus. Und siehe da: Viele Schritte, die wir hier machen mussten, können sie dort überspringen.

Auch mein Aufenthalt in China hat mich neue Perspektiven einnehmen lassen. Damals war ich Geschäftsführer eines kleinen mittelständischen Unternehmens. Nachdem mir der Einkäufer eines wichtigen Kunden eröffnet hatte, dass unsere Geschäftsbeziehung nur bestehen bleiben könne, wenn ich auch in China produziere, packte ich kurz entschlossen meinen Koffer. Im Reich der Mitte angekommen, hatte ich das Glück, einen altgedienten Mentor mit 30-jähriger China-Erfahrung an meiner Seite zu haben. Der erfolgreiche Aufbau eines Standorts samt Produktionslizenz in China war das eine. Das andere und viel Bedeutsamere waren die kulturellen Erfahrungen, an denen mich »der Alte« teilhaben ließ. In jeder freien Stunde und an den Wochenenden führte er mich in die Hinterhöfe – wo das wahre China zu finden ist. Meine viel zu lang gehegte Vorstellung vom »Plagiate-Produzenten« war innerhalb kürzester Zeit Geschichte. Auf dem Heimflug begleitete mich eine Mischung aus Hochachtung und gleichzeitiger Sorge darüber, was da im Wettbewerb zu Europa mit unglaublicher Energie und Geschwindigkeit aufgebaut wird. Seitdem betone ich bei jeder Gelegenheit, dass wir unsere Arroganz gegenüber China deutlich schneller abbauen sollten, als wir in der Lage sind, in unserem Land etwas aufzubauen.

Für neue Einsichten genügt aber häufig auch schon ein Blick zu den Nachbarn – etwa in die Schweiz. Damals absolvierte ich berufsbegleitend einen »Executive MBA«, abwechselnd war ich an der *RWTH Aachen* und der *Universität St. Gallen.* Die Arbeit mit realen Fallbeispielen verlieh mir einen betriebswirtschaftlichen Blick auf sämtliche Vorhaben und bekräftigte mich in meiner Ansicht, dass die Marktwirtschaft eine Säule aller möglichen Zukunftsbilder bleiben muss. Ich bekam Spaß am Verändern – und daran, Gewohnheiten zu hinterfragen. »Einfach machen!« entwickelte sich schnell zu meinem Motto. Auf der Basis meiner Erfahrungen habe ich inzwischen mehr als ein Dutzend Unternehmen gegründet und vielen Freunden und Kollegen beim Gründen geholfen. Das Zusammenspiel aus eigener wirtschaftlicher Tätigkeit, abhängiger Beschäftigung und Forschung hat meinen Blick für die Leitfrage »Was lässt sich auf welche Weise umsetzen?« geschärft. Als Wissenschaftler habe ich gelernt: In der Forschung können wir hervorragend Probleme lösen – Probleme, die niemand hat. Deshalb ist es ins Zentrum meines gesamten Handelns gerückt, zuerst Probleme und Chancen zu erkennen, die uns tatsächlich betreffen, und dann Ideen zu entwickeln und umzusetzen, die uns weiterbringen.

Es ist meine feste Überzeugung: Die Menschheit hat das Lernvermögen und die Kraft, Herausforderungen zu meistern, selbst wenn sie noch so schwierig sind. Dieser Forscher- und Unternehmergeist motiviert mich seit Jahrzehnten. Er treibt mich an und treibt mich um. So entwickelte ich mit meinem Team das Elektrofahrzeug *StreetScooter,* dessen erste Prototypen wir 2009 produzierten. Inzwischen befinden sich mehr als 20 000 dieser Fahrzeuge auf der Straße. *Deutsche Post* und *DHL* sind bis heute mit ihnen unterwegs. Als er auf den Markt kam, war der *StreetScooter* in seiner Fahrzeugklasse weit und breit ohne Konkurrenz.

Die täglichen Meldungen über die Auswirkungen der Umweltzerstörung in allen Teilen der Welt beschäftigen mich sehr. Schlechte Nachrichten und Zukunftsängste bestimmen das Leben zahlreicher Menschen. Das verstehe ich gut – aber ich schließe mich den Scharen von Schwarzsehern nicht an.

Schon das Waldsterben hat mich gelehrt: Der Mensch hat das Zeug dazu, die Welt zu verbessern und sie sogar zu retten, womit er vor allem sich selbst vor der Zerstörung bewahrt. Vielleicht ist es mir mit den Geht-nicht-gibt's-nicht-Genen eines Ingenieurs in die Wiege gelegt worden: Ich lasse mich von den Unkenrufen der Apokalyptiker nicht anstecken. Der Weltuntergang wird seit Jahrhunderten beschworen. Doch die Erde existiert noch heute. Und vor allem: Früher war nicht alles besser. War eine Operation ohne Narkose wirklich angenehmer? War ein Auto ohne ABS tatsächlich sicherer? Ist es ernsthaft ein Nachteil, von nahezu jedem Ort aus telefonieren zu können?

Oft jammern wir darüber, wie viele Steine uns heutzutage in den Weg gelegt werden, wenn wir etwas bewegen wollen. Das mag dem ersten Käufer eines deutschen Kraftwagens in England um 1888 ähnlich ergangen sein. Er wurde kurzerhand verhaftet, weil er gegen eine der Verkehrsregeln verstoßen hatte. Die erlaubte Höchstgeschwindigkeit betrug innerorts 3,2 Stundenkilometer, außerorts vier Kilometer pro Stunde. Zusätzlich musste 100 Meter vor jedem Wagen ein Mann mit einer roten Fahne spazieren, der die Fußgänger und anderen Verkehrsteilnehmer vor dem sich anbahnenden, noch weitgehend unbekannten Gefahrengefährt warnte. Innovation hatte es noch nie leicht, und Regeln gab es auch schon immer. Die Angst vor dem Weltuntergang oder zumindest vor dem wirtschaftlichen Niedergang, vor der künstlichen Intelligenz und anderen Technologien, deren Folgen wir noch nicht absehen können, dominiert das

Denken zu vieler Menschen. Wo ist der Tatendrang, das Schicksal in die eigene Hand zu nehmen? Wo die Aufbruchstimmung, Wege dorthin zu finden, wie wir unsere Probleme lösen können? Gerade uns Deutschen wird es als lieb gewonnene Eigenschaft nachgesagt: das Schwarzsehen mit allen seinen Schreckensszenarien. Dabei macht die Menschheit mächtige Fortschritte – auch durch Technik.

Worauf warten wir also in unserem gemeinsamen Kampf gegen die Zerstörung der Erde? Zu demonstrieren ist gut – Probleme zu lösen ist wichtiger. Wir haben keine Zeit zu verlieren, und wir können diese Mammutaufgabe nicht allein an die Politik delegieren. Auch wenn es abgedroschen klingt: Wir müssen alle mitmachen! Aber: Wie kann das funktionieren? Und wie können wir Nachhaltigkeit und Wirtschaft sinnvoll zusammenbringen? Ich möchte Antworten geben. Mein *Humanotop* beschreibt eine umsetzbare Vision für ein System, das ein nachhaltiges Leben ermöglichen wird, ohne das exakte Ergebnis im Voraus zu kennen. Ich möchte zeigen, wie durch systematische Kombination vorhandener Technologien und einen regionalen Masterplan eine pragmatische Lösung gelingen kann. Das Resultat in 20 oder 30 Jahren mag anders aussehen, aber die zugrunde liegenden Mechanismen können wir heute etablieren. Menschliche Siedlungen im Einklang mit unserer Umwelt: Aus Utopie kann Realität werden. Kommen Sie mit auf eine Reise, die ich vor einiger Zeit begonnen habe. Wagen wir gemeinsam den Aufbruch. Auch als Vater von fünf Kindern sage ich: Schluss mit Dystopien, Schluss mit »Man müsste mal ...«!

*

Das Prinzip nutzt einfache Grundsätze, die auf sämtliche Prozesse anwendbar sind. Dazu zählt eine massive Steigerung der Effizienz – vor allem bei denjenigen Prozessen, die sich nicht in echte Kreisläufe überführen lassen. Es ist nicht zu leugnen: Die Mehrheit der Menschen in den Ländern der Nordhalbkugel gehört zu den größten Verschwendern auf der Erde. Bis zu 40 Prozent unserer Nahrungsmittel werden nicht gegessen, sondern in den Mülleimer geworfen oder kommen auf andere Weise »unter die Räder«. Apropos: Fahren wir mit dem Auto, fließen nur 20 Prozent der aufgewendeten Energie tatsächlich in die Fortbewegung. Dafür asphaltieren wir die Böden dicht. Wir nutzen »Konsumgüter« einmal, zweimal und werfen sie dann weg, weil sie uns plötzlich nicht mehr gefallen, weil sie nicht mehr der Mode entsprechen. Das und vieles mehr ergibt keinen Sinn, birgt aber eben deshalb auch Chancen und ein gewaltiges Verbesserungspotenzial. Hier können wir aus dem »Lean Management« lernen, das ursprünglich für die Produktion entwickelt wurde: die systematische Vermeidung der Verschwendung von Flächen, von Wasser, von Lebensmitteln und eine intelligente Reduktion auf das Wesentliche – etwa mithilfe der Frage, wie wir unseren Mobilitätsaufwand reduzieren und trotzdem die gleichen Ziele erreichen können.

*

Drehen wir uns im Kreis? Diese Frage sollten wir konstruktiv verstehen. Denn es wird nicht ohne Kreislaufwirtschaft gehen. Diesem Ansatz liegt die Idee zugrunde, dass wir sämtliche Stoffe so lange wie möglich auf gleichem Qualitätsniveau wieder- und weiterverwenden. Aktuell werden weniger als zehn Prozent unseres globalen Wirtschaftens im Kreislauf abgewickelt – und das muss sich dringend ändern. Das sieht auch Dietmar so, ein Mitstreiter der gemeinnützigen *Ökologischen Wissensakademie*. Er hat mir die Augen für die Bedeutung des Bodens geöffnet, auf dem wir stehen. Um die Zukunft meistern zu können, nimmt er mich einmal mehr mit in die Vergangenheit. Die Erdgeschichte, erzählt er, begann vor vielen Milliarden Jahren. Allein das sollte uns dauerhaft Demut lehren. Dietmar spricht vom einst »unbelebten Brocken«, der seit jeher um die Sonne kreist, von Bakterien als Ureinwohnern, von Pilzen, Landpflanzen und Tieren als Dauergästen – und von Menschen als Neuankömmlingen. Alles baut systemisch aufeinander auf, eines ermöglicht das andere. Dietmar packt erst Milliarden, dann Millionen und dann Hunderttausende von Jahren in das bekannte Bild der Uhr: »Wenn wir die Erdgeschichte als einen Zeitraum von zwölf Stunden definieren, dann gab es die ersten Bakterien um 2 Uhr, die ersten Pilze um 7 Uhr und die ersten Pflanzen um 10 Uhr«, erklärt er. »Wir Menschen«, sagt Dietmar dann und legt eine gedankenschwere Pause ein, »… sind noch nicht mal eine Sekunde auf der Erde.« Wenn wir betrachten, wie wichtig wir uns nehmen, könnte man meinen, es sei umgekehrt. Später wird Dietmar uns noch einmal begegnen. Für den Moment reicht die Erkenntnis, dass wir die Grundprinzipien der Natur verstanden haben müssen, um Technologien zu entwickeln, mit denen wir am Ende nicht gegen sie arbeiten. So banal es sich lesen mag: Das ist nicht weniger als ein fundamentaler Wandel in der Sichtweise auf das Verhältnis zwischen »Zivilisation und Wildnis«. Die Natur ist weder eine menschenfeindliche Umgebung noch ein idyllisch-idealistischer Urlaubsraum für romantische Auszeiten, sondern unsere einzige Heimat und alleinige Chance, auf der Erde zurechtzukommen.

*

Für unser Wirtschaftssystem ist Wachstum das Maß aller Dinge. Das wird auch so bleiben müssen, solange wir derart fundamentale Unterschiede im Lebensstandard der Menschen akzeptieren. Verzichten möchte niemand – diejenigen, die weniger haben, wollen mehr. Und diejenigen, die bereits viel besitzen und konsumieren, wollen noch mehr. Wenn wir diesen Mechanismus auch nicht abstellen können: Wir werden ihn in bessere Bahnen lenken müssen. Dabei müssen und können wir uns auf Bereiche konzentrieren, in denen Wachstum nicht schädlich ist. Helfen kann uns dabei vor allem der natürliche Reichtum, der uns umgibt. Ein erhellendes Beispiel: Die Sonne sendet uns innerhalb von 30 Minuten mehr Energie auf die Erde, als wir Menschen im gesamten Jahr verbrauchen. Wir benötigen innerhalb von zwölf Monaten nur 0,0057 Prozent der Sonnenenergie, um uns vollumfänglich zu versorgen. Es liegt also keineswegs an einem Mangel an Energie, sondern allein an ihrer Verteilung und Speicherung – ein rein logistisches Problem. Auch das Salzwasser unserer Ozeane bildet ein riesiges Rohstoffreservoir – das noch vor uns liegt, wenn es um die immer wichtiger werdende Süßwassergewinnung geht. Und selbst die schier unermessliche Dimension von täglich neuen Daten können wir als Ressource begreifen, die wir für zukunftsträchtige Zwecke veredeln und weiterverarbeiten können. Kurz und knapp: Klimaneutrales Wachstum ist möglich.

*

Ein aktueller Ansatz zur Gestaltung unserer Zukunft, die Forderung, den Konsum und den Einsatz bestimmter Technologie möglichst schnell möglichst weit zurückzufahren oder zu beenden, erscheint mir nicht umsetzbar. Dass wir ein laufendes System abschalten wollen, bevor das neue System verlässlich läuft. Oder um im Bild unserer dominanten Marktwirtschaft zu bleiben: Wir schalten einem profitablen Unternehmen das erfolgreiche Geschäftsmodell ab, um dann erst ein neues zu entwickeln. In den allermeisten Fällen würde das dazu führen, dass dem Betrieb das Geld ausgeht, bevor er wieder erfolgreich sein kann. Warum sollte man ein solch existenzielles Risiko sehenden Auges auf sich nehmen? Unser Ansatz muss es vielmehr sein, das bisherige System nur in dem Maße zurückzufahren, in dem wir das neue System aufbauen können. Um das in die Tat umzusetzen, fehlen uns neben den Eckpfeilern »Effizienz«, »Kreislauf« und »Wachstum« noch zwei weitere.

*

Wettbewerb ist per se keine schlechte Sache – solange wir ihn konstruktiv betreiben. Seit jeher messen wir uns miteinander und spornen uns damit immer wieder zu Höchstleistungen an. Dabei müssen wir unser Streben nach Gewinn bloß in nützliche Bahnen lenken. In diesem Sinne gilt auch: nicht verbieten, sondern Anreize schaffen. Wer gewisse Grenzwerte nicht einhält, der zahlt, und das entsprechende Geld geht genau zu denen, die diese Grenzwerte unterschreiten. Schon haben wir das Kapital auf unserer Seite, schon wissen wir auch, was die Politik zu gewährleisten hat: gute Rahmenbedingungen, die einen gewinnbringenden Weg für uns alle ermöglichen, statt auf den Vorteil weniger durch Ausbeutung vieler zu setzen. Womit wir bereits den fünften Eckpfeiler einer ertragreichen Zukunft erkannt haben, die unsere globale Gesellschaft zusammenhält: Gerechtigkeit. Wir müssen sämtliche Ressourcen und Kreisläufe so gestalten, dass die absolute Mehrheit den Fortschritt auf ihrer Seite sieht. Das Bild ist alt, die Botschaft ebenfalls nicht neu, doch ist sie immer noch nicht durchgedrungen: Wir müssen alle an einem Strang ziehen!

*

Unser Konzept besteht also aus fünf fundamentalen Faktoren – analog zu den fünf Elementen Erde, Wasser, Feuer, Luft und Raum. Die Erde als Basis für alles findet sich in der Kreislaufwirtschaft wieder, die wir etablieren müssen. Dem Leben spendenden Wasser entspricht das klimaneutrale Wachstum aus sich nicht verzehrenden Rohstoffen. Das

Feuer liegt im Wettbewerb der Ideen, der uns antreibt und nicht ruhen lässt. Die Luft zum Atmen ist das Element der Effizienzsteigerung, die uns am Leben hält. Der Raum, in dem wir uns entfalten können, bildet die Gerechtigkeit zwischen den Menschen und im Verhältnis zur Umwelt und Natur, sodass jegliche Ausbeutung zum Stillstand kommt. Diese fünf fundamentalen Faktoren bedeuten das Ende des städtischen Kolonialismus.

*

DIE FÜNF ELEMENTE

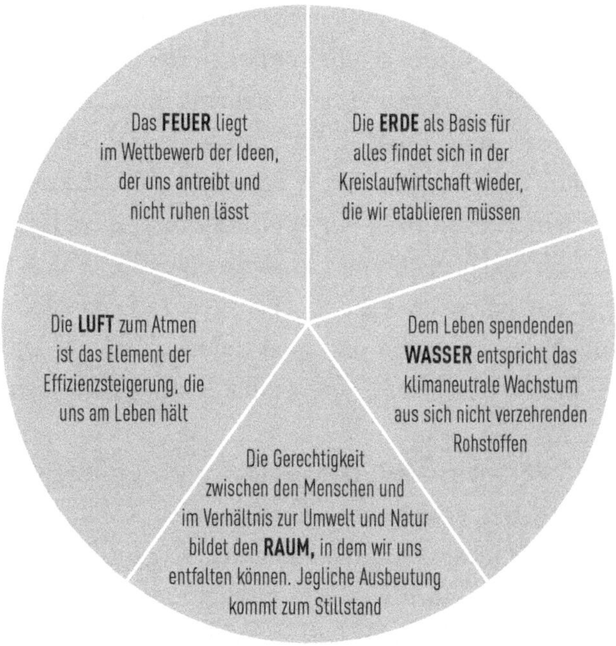

Während des Lesens werden Sie mal zustimmend nicken, mal ablehnend den Kopf schütteln, mal ungläubig innehalten. Soll das so sein? Ja, denn ich habe nicht den Anspruch, mit allem im Recht zu sein. Ich bin von meinem jetzigen Tun überzeugt, aber ob alles stimmig ist und lückenlos funktioniert, können wir erst später erkennen, wenn wir endlich einmal gehandelt haben. In einem Punkt glaube ich unumstößlich richtigzuliegen: Unsere Freiheit verpflichtet uns dazu – jeden Einzelnen im Rahmen seiner Möglichkeiten –, die Gegenwart zu gestalten und anderen dabei zu helfen, dies auch zu tun. Viel zu oft ist es doch so: Wenn wir von jemandem hören, was er vorhat, dann kommen uns sofort 100 Gründe in den Sinn, weshalb das alles nicht gehen wird, und das teilen wir jenseits von konstruktiver Kritik rege mit. Wie wäre es stattdessen, wenn wir uns überlegten, wie wir unterstützen und dabei helfen können, dass etwas gelingt? Scheinbar unmögliche Dinge werden auf diese Weise wahr. Das hat etwa der Wiederaufbau in Deutschland nach dem Zweiten Weltkrieg eindrucksvoll gezeigt: Hilfsbereitschaft und gemeinsames Anpacken haben eine gute Zukunft ermöglicht. Aus einer schlechten Ausgangslage mit wenig Perspektive und dürftigen Rahmenbedingungen ist eine äußerst erfolgreiche, anerkannte Nation entstanden.

Der große Unterschied: Damals hatten wir nichts mehr zu verlieren. Heute verharren wir in unseren Komfortzonen, weil wir auf nichts verzichten möchten. Es geht also darum, ob wir diesmal noch vor einer großen Katastrophe erkennen, dass wir aus einer starken Position heraus handeln müssen. Dafür muss uns die Endlichkeit und damit die Sackgasse unseres bisherigen Wirtschaftsansatzes eher auf theoretischer als auf erlebter Ebene begreifbar werden – denn noch ist das Problem abstrakt. Da ist die große Herausforderung: Lassen wir die globalen Auswirkungen so weit kommen, dass sie uns vor Ort betreffen und unsere derzeitige Lebensweise unmöglich machen, ist es längst zu spät. Dann weichen freiwilliges Handeln und kreatives Denken einem selbst bewirkten Zwang. Um das Ziel erlebbar und dadurch attraktiv zu machen, brauchen wir ein Lösungskonzept, das nicht allein dem Wohl der nächsten Generation zugutekommt, sondern auch im Hier und Jetzt schon spürbare Vorteile mit sich bringt. So verwandelt sich die unkonkrete und allgemeine Bedrohung in eine pragmatisch lösbare und persönliche Aufgabe.

KAPITEL 2

WO WIR HERKOMMEN – UND WO WIR HINGEHEN

ÜBER GOTT UND DIE WELT

Viele Menschen sind davon überzeugt, dass die Erde vor fast 14 Milliarden Jahren durch einen unvergleichlichen Urknall entstanden ist. Andere glauben fest an die biblisch überlieferte Schöpfungsgeschichte. Wiederum andere finden, dass sich beides nicht widersprechen muss. Wissenschaft und Glaube: Sind sie unvereinbar? »Der erste Schluck aus dem Becher der Naturwissenschaft macht atheistisch, aber auf dem Grunde des Bechers wartet Gott«, sagte einst Werner Heisenberg, Nobelpreisträger und einer der bedeutendsten Physiker in unserem Land. Ich bin praktizierender Katholik, Wissenschaftler und Unternehmer. Ich weiß, dass das bei einigen Leuten Fragen aufwirft, selten auch Ablehnung – durchaus von Menschen, die ansonsten dafür werben, nicht alles und alle über einen Kamm zu scheren. Zugleich spüre ich auch bei meinen Mitmenschen häufig eine Mischung aus Sehnsucht nach Sinn und einer Neugierde, mehr über die Quelle unserer Energie zu erfahren. Kurzum: ein Verlangen zu verstehen, wie alles das zusammenpasst.

Der Glaube an Gott und das Gute in seinen Kreaturen lässt mich die Bewahrung der Schöpfung als Auftrag und Verpflichtung zugleich betrachten. Wenn Gott sagt, dass wir uns die Erde untertan machen sollen, dann verstehe ich das nicht als Freibrief für grenzenlose Ausbeutung, sondern im selben Sinne, wie Gott uns als seine Untertanen behandelt: mit unendlicher Liebe, um uns zu unserem Glück zu geleiten. Auf keine andere Weise sollen wir die Erde beherrschen: gütig und zum Wohle aller Geschöpfe, die auf ihr leben. Gott lehrt eben nicht, sich alles zu nehmen, was man sich zu eigen machen könnte, sondern verantwortungsvoll mit seinem Volk und der Erde umzugehen und dadurch die Schönheit der Schöpfung zu erhalten.

Glaube ist wichtig – nicht nur an Gott. Auch an eine gute Welt von morgen. Auf diese Weise positiv in die Zukunft zu blicken soll nicht heißen, nichts zu tun und bloß daran zu glauben, dass alles irgendwie besser wird. Meine Frau ist Ärztin, und ihr Berufsstand hat eine klare Mission: Rette Leben! Vor vielen Jahren habe ich mich daher gefragt: Was trage ich als Ingenieur zu einer besseren Welt bei? Nahezu jeder Mensch erwartet, dass die anderen etwas tun sollen. Die »da hinten« in Brasilien sollen endlich damit aufhören, ihren Regenwald zu roden. Die Konzerne überall auf der Welt sollen endlich umdenken und nachhaltig produzieren. Die Politik soll erst mal die Rahmenbedingungen ändern. Summa summarum: »Was kann ich als kleiner Mensch schon tun?« Das Problem dabei: Mit Lethargie und fehlendem Verständnis für die eigene Wirkungsmacht kann sich nichts verändern – während uns die Zeit davonrennt. Dabei ist jeder von uns Konsument oder Konsumentin, Wähler oder Wählerin, Verkehrsteilnehmer oder Verkehrsteilnehmerin. Wenn sich meine Ingenieurszunft auf sich selbst besinnt, ergibt sich der unumgängliche

Anspruch, dass wir zur Rettung der Erde beitragen müssen. In der Vergangenheit haben wir uns bei sämtlichen Entwicklungen, bei allem technisch Machbaren auf die Maxime »Höher, schneller, weiter« konzentriert – ohne dabei über Sinn und Unsinn nachzudenken. »Ingenieure sind von Natur aus unpolitisch«? Dahinter dürfen wir uns nicht mehr verstecken.

INGENIEURE RETTEN DIE ERDE

Über das Motto »Immer mehr« wird auch ganz allgemein diskutiert, vor allem aus kapitalismuskritischer Perspektive. Die Debatte ist notwendig, doch mir ging es in erster Linie immer schon um etwas anderes: Im »Höher, schneller, weiter«-Prinzip fehlt mir die Mission. Deshalb habe ich einen Verein gegründet, dessen Name zum Ausdruck bringt, was dem Verbund und mir am Herzen liegt: *Ingenieure retten die Erde.* Dem Verein gehören praktizierende ebenso wie noch studierende Ingenieurinnen und Ingenieure an, etwa aus dem Umweltbereich, aus der Wasserbehandlung und aus dem Maschinenbau. Andere Mitglieder arbeiten in der Verwaltung und in der Bildung oder führen ein Start-up-Unternehmen. Uns alle verbindet mindestens das eine: der Glaube an die Machbarkeit einer guten Zukunft und der Wunsch nach einer Art Wiedergutmachung.

Schließlich hat uns Technik im doppelten Sinn dorthin gebracht, wo wir sind: Auf der einen Seite hat sie maßgeblich das Wohlergehen der Menschen gefördert, auf der anderen Seite haben Ingenieurinnen und Ingenieure aber auch dazu beigetragen, dass die Erde und alle, die sie bewohnen, in Schwierigkeiten geraten sind. Deshalb möchten die Vereinsmitglieder, meine Projektpartner und ich dem Wohl der Umwelt dienen, ohne die wir schlichtweg nicht (über-)leben können. Es gibt zahlreiche Beispiele dafür, wie Forscherinnen und Forscher versuchen, die schwierige Weltlage in den Griff zu bekommen – also technischen Fortschritt mit Ökologie zu versöhnen.

Dabei geht es mir auch um die Sicherung Deutschlands als attraktiven Lebensraum und Wirtschaftsstandort mit nachhaltiger Ausrichtung. Auch wenn es in der Praxis alles andere als einfach ist – erst recht in Zeiten eines Krieges in Europa und wachsender nationaler Egoismen, die es noch schwieriger machen, internationale Abkommen umzusetzen: Wir müssen alles daransetzen, Ökologie und Ökonomie miteinander in Einklang zu bringen. Umwelt- und Klimaschutz sind eine Marathonaufgabe. Wir können das Ziel nicht im Sprint erreichen. Kurzum: Wenn wir einen Langstreckenläufer mit der Geschwindigkeit eines Usain Bolt auf eine Marathondistanz schicken, wird er samt seiner Kondition nach kurzer Zeit einbrechen – und die Ziellinie nie zu Gesicht bekommen.

Welch lange Wege die Dinge manchmal brauchen, zeigt auch ein historisches Ereignis, das heute mit dem genauen Gegenteil von Umwelt- und Klimaschutz assoziiert wird: Als Edwin Drake 1859 mit seiner Ölbohrung in den USA berühmt wurde und die noch heute verwendete Maßeinheit

»Barrel« – ein Fass – erschuf, dauerte es noch einige Jahrzehnte, bis auch eine Technologie zur Verfügung stand, mit deren Hilfe das Öl seine heutige Bedeutung erlangte: als unerlässlicher Schmierstoff unserer industriellen Gesellschaft, vom Auto bis hin zum Kunststoff. So oder ähnlich wird es gewissermaßen auch »umgekehrt« kommen, bei der Transformation hin zu einer Kreislaufwirtschaft mit Sonnenenergie und Wasserstoff als »grünem Gold« in der Nachfolge von »schwarzem Gold«. Auch wenn – oder gerade weil – es bis zum Ziel noch dauern wird, müssen wir zügig an den Start gehen, um nicht unrealistisch weite Strecken sprinten zu müssen. Viel Zeit bleibt uns nicht mehr.

Zur Wahrheit gehört auch: Die restliche Welt wartet nicht auf uns, und sie betrachtet uns gewiss nicht als ihren großen Lehrmeister. Wir müssen mit unseren Ansätzen also überzeugen. Dabei sollten wir die soziale Marktwirtschaft weiterentwickeln, indem wir sie mit der Kreislaufwirtschaft kombinieren. Nennen wir sie für den Moment deshalb einfach soziale Marktkreislaufwirtschaft, die den bisher fehlenden Aspekt der Einpreisung von Umweltschäden berücksichtigt und damit eine lenkende Wirkung entfaltet, ohne die zentrale Idee des Marktes dafür zu opfern. Ähnlich wie der reine Kapitalismus ein Regelwerk zum Wohle der Menschen braucht, bringen wir den Bereich unserer Umwelt und der verfügbaren Ressourcen durch die soziale Marktkreislaufwirtschaft ins Gleichgewicht. Damit weiten wir den Blick von der bloßen Konzentration auf CO_2-Reduktion und Dekarbonisierung hin zu einer Transformation und

Weiterentwicklung der gesamten Marktwirtschaft, an deren Ende ein nachhaltiges Erfolgskonzept steht.

Sich allein auf CO_2 zu fokussieren, reicht bei Weitem nicht aus. Wir müssen unsere volle Aufmerksamkeit auf den Umweltschutz und dort vor allem auf den Erhalt der Artenvielfalt lenken, weil wir damit die wichtigsten Themen angehen und mit größter Wahrscheinlichkeit nichts übersehen, was wir womöglich noch gar nicht richtig verstanden haben. Dazu müssen wir die entsprechenden Lebensräume erhalten oder wiederherstellen, so gut es eben geht. Das führt zwangsläufig auch zu einer positiven Auswirkung auf die Kohlenstoffdioxid-Bilanz, da beispielsweise Moorlandschaften als riesige CO_2-Speicher fungieren. Alles das wird nicht ohne einen kritischen Blick auf unseren enormen Flächenbedarf funktionieren, dem immer wieder bis dahin intakte Systeme zum Opfer fallen.

MIT VOLLDAMPF IN DIE KONSUMGESELLSCHAFT

Der Ursprung unseres aktuell akuten Handlungsbedarfs liegt gerade einmal rund 250 Jahre zurück – nicht einmal eine unsichtbare Millisekunde auf dem Ziffernblatt der Erdzeitalter-Uhr. So nimmt die industrielle Revolution damals in Großbritannien ihren Anfang, nachdem die Erfindung etwa der Dampfmaschine es ermöglichte, große Mengen von Waren zu produzieren. Der Konsum ist geboren, und mit ihm erfährt ein nennenswerter Teil der Bevölkerung erstmals eine deutliche Steigerung seines Lebensstandards – war es bis dato doch nur eine kleine Elite, die sich auf Kosten der Masse von Menschen ihren Luxus gönnen konnte. In der Folge entstehen existenzielle Fragestellungen für die neue Klasse der Arbeiter und deren Verhältnis zu den Unternehmern. Zur selben Zeit nimmt die Zerstörung unserer Umwelt und das Aufzehren von Ressourcen in enormem Maße zu. Vor allem Kohle und weitere fossile Brennstoffe ermöglichen eine florierende Wirtschaft und eine wachsende Bevölkerung, Bahn gebrochen durch organisatorische Erfindungen wie die Fließfertigung von Ford, technische Neuerungen wie die Elektrizität und medizinische Entdeckungen wie das Penicillin.

Bald wird klar: Eine Gesellschaft kann nur dann stabil sein, wenn dem Kapital gewisse Grenzen gesetzt werden. Um die Jahrhundertwende – und damit wiederum 100 Jahre nach Beginn der industriellen Revolution – entsteht unter anderem die katholische Soziallehre, die unser Wirtschaftssystem, wie wir es heute kennen, mitgeprägt hat. Ihr Startpunkt war die Frage nach der Würde des Menschen, der seine Potenziale frei entfalten können soll. Das rückt die Verhältnisse zurecht: Die Gesellschaft ist für den Menschen da – und nicht zuerst umgekehrt. Außerdem wird anerkannt, dass die Menschen sich auch durch ihr jeweiliges Leistungsvermögen unterscheiden. So werden das Solidaritätsprinzip und das Subsidiaritätsprinzip festgelegt: Die Gesellschaft muss gewährleisten, dass jeder Mensch seine Chancen wahrnehmen kann, und dafür Hilfe zur Selbsthilfe leisten –

und akzeptieren, dass die Ergebnisse je nach Person unterschiedlich ausfallen. Das bedeutet: Jeder einzelne Mensch hat einerseits die Pflicht, die Leistung zu erbringen, die er erbringen kann, und auf der anderen Seite das Recht, dort Hilfe zu bekommen, wo er etwa durch Krankheit nicht in der Lage ist, sich selbst zu versorgen. Die soziale Marktwirtschaft ist geboren, wie wir sie in Deutschland seit der Zeit nach dem Zweiten Weltkrieg kennen.

So gut unser Gesellschaftssystem etwa mit Blick auf das gestiegene Pro-Kopf-Einkommen und die deutlich zurückgegangene Analphabetismus-Quote auch ist: Unser Umgang mit den natürlichen Ressourcen – das Wirtschaften, wie wir es tun – führt dazu, dass wir die Erde zerstören, bevor wir Wohlstand für alle erreichen. Wir dürfen also nur Quellen nutzen, die praktisch unerschöpflich sind. Alles andere müssen wir so verwerten, dass es nicht verloren geht, und dort, wo Ressourcen knapp sind, müssen wir eine gerechte und sinnvolle Verteilung bewirken. Alles das funktioniert jedoch nur, wenn die Politik mit Rahmenbedingungen für »Bottom up«-Entwicklungen hilft – denn diesen Umbruch wird man nicht verordnen können.

VON SCHWESTERN, SCHAUSPIELERN UND INGENIEUREN

Ortswechsel // Ich besuche eine Ordensgemeinschaft im Süden Deutschlands, die sich mit ihrer Verantwortung gegenüber der Schöpfung auseinandersetzt. Ich befinde mich in Bonlanden, einem kleinen Dorf zwischen Memmingen und Biberach, mit einem Kloster, entstanden im 19. Jahrhundert, als die Gesellschaft sich im Umbruch befand. Der örtliche Priester wollte zu dieser Zeit vor allem Frauen eine Chance geben, sich zu bilden und sich in der Welt einzubringen. Mein Treffen mit den Franziskanerinnen von Bonlanden hatte sich aus einem Vortrag ergeben, den ich im Beisein eines Bekannten der Ordensschwestern vor einer Gruppe junger Studierender gehalten habe – über meine Motivation zur Gründung des Vereins *Ingenieure retten die Erde* und meine *Humanotop*-Idee.

In Begleitung von Natalia, die als Co-Vorsitzende des Vereins mit dem Schwerpunkt »Kreislaufwirtschaft« betraut ist, und Paul, der in unserem Verbund das Thema »Böden« verantwortet, schlendere ich gemeinsam mit den Ordensschwestern über das Klostergelände. An der Station »Mutter Erde« wandeln wir durch ein Labyrinth, das zum Mittelpunkt der Schöpfung führen soll. Entlang der Hauptachse der Gartenanlage sind nach klösterlichem Vorbild angelegte Rechtecke mit Rosen, Stauden, Beeren und Blumen bepflanzt. Der Geruch von Heil-, Tee- und Küchenkräutern erfüllt die Luft. Von den benachbarten Streuobstwiesen gewinnen die Ordensschwestern eigenen Apfelsaft aus biologischem Anbau, während der Gemüsegarten und weitere landwirtschaftliche Flächen biozertifiziert von Pächtern betrieben werden. Einige Schritte weiter schärfen Installationen am und im Wasser nahe dem Waldrand die Wahrnehmbarkeit der Natur und ihrer Elemente.

Die Schwestern, mit denen ich ins Gespräch komme und die vieles hier selbst konzipieren, hegen und pflegen, sind unterschiedlichen Alters, haben verschiedene Berufe erlernt. Sie eint die Ausrichtung an der franziskanischen Spiritualität, die die Bewahrung der Schöpfung in den Mittelpunkt rückt. Von den Ordensschwestern erfahre ich, dass sie als Teil eines *Humanotops* den Aufbau von Anschauungs- und Lernobjekten planen, die künftigen Seminaren dienen sollen, die sich an Betriebe sowie an Bürgerinnen und Bürger richten. Die Idee: wirtschaftliche und umweltpolitische Entscheidungen im Sinne der Natur zu beeinflussen und zu neuen Firmenphilosophien zu motivieren. Im Dienste der Nachhaltigkeit sind die Schwestern seit 100 Jahren im Erziehungs- und Bildungsbereich auch in Argentinien, Brasilien und Paraguay aktiv. Mit den Worten »Lasst uns anfangen« werden wir schließlich verabschiedet.

Angespornt von dieser Begegnung, gehen wir auf eine zweite Gemeinschaft zu, die in Vallendar bei Koblenz zu Hause ist. Dort erfahre ich, dass die Schwestern auf der Suche nach neuen Möglichkeiten sind, ihre Aktivitäten weiterzuentwickeln. Auch ihnen erläutere ich meine Ideen. »Nachhaltigkeit fängt im Innern des Menschen an«, beschreiben mir die Schwestern ihr Credo: »Es ist eine Lebenshaltung, die die Deckung persönlicher Bedürfnisse übersteigt, womöglich auch die eigene Lebenszeit. Nachhaltigkeit braucht Pädagogik.« Beim anschließenden Gegenbesuch der Schwestern auf dem Gelände meines Lehrstuhls in Aachen wird auch eine erstaunliche Technologieoffenheit der Schwestern deutlich. »Die Risiken liegen im Menschen begründet«, sagen sie: »Technologiefähigkeit entscheidet sich an der Reife der Persönlichkeit und an ethischen Werten.« Nach zwei Treffen sind wir uns einig: Die Gemeinschaft wird uns Flächen auf ihrem Gelände zur Verfügung stellen, um dort Nachhaltigkeitsprojekte zu präsentieren und voranzutreiben. Wir starten mit den Themen »lebendiger Boden«, »Insekten als Teil der Nahrungskette« und »Energieautarkie durch Speicher und Sonnenenergie«. Die Inhalte basieren auf den Ideen, die wir im Verein vorbereitet und erprobt haben.

*

Szenenwechsel // In vollkommen anderem Ambiente treffe ich auf Dominik Breuer. Er gehört dem Künstlerischen Leitungs-Team des Brachland-Ensembles an – ein Verbund von Kulturschaffenden aus den Bereichen Schauspiel, Performance, Tanz und Animationsfilm, die sich der Verwirklichung von Projekten verschrieben haben, die zeitgenössisches Theater, journalistische Recherche und politische Bildung miteinander vereinen. Dominik Breuer ist aus der gleichen Generation wie ich. Er liebt Technik – genauer gesagt: Theatertechnik – und ist sehr an Ökologie interessiert, was seine Aufmerksamkeit auf meine Idee gelenkt hatte. Daher entwickelte Breuers Ensemble in Kooperation mit dem Theater Aachen ein Konzept, bei dem die Gäste zu Mitmachenden werden und sich mit den zahlreichen *Humanotop*-Aspekten auseinandersetzen. Als Teilnehmer einer Aufführung in Aachen wurde das Ergebnis mir selbst zum Erlebnis: Die Zuschauer wurden in Gruppen eingeteilt, die sich mit vielfältigen Fragen, anspruchsvollen Aufgaben und gelungenen Gedankenspielen konfrontiert sahen. An diesem Abend kamen verschiedene Sichtweisen unterschiedlicher Menschen ans Licht. Was wünschen wir uns? Mehr Führung? Mehr Freiheit? Wer würde was genau entbehren – oder verlangen wir Verzicht nur von den anderen? Fazit der meisten Teilnehmenden: bei sich selbst beginnen. Dominik Breuer entwickelt das Konzept weiter, und so geht das *Humanotop* mittlerweile auch auf Tour. Die Auseinandersetzung mit der Idee zieht weite Kreise, vom Kloster auf die Theaterbühne und mitten auf die Straße. Da, wo wir leben und die Zukunft sich entscheidet.

*

Perspektivwechsel // Wir befinden uns am Übergang zu einer Revolution – ähnlich wie vor rund 250 Jahren. Bahnbrechende Innovationen wie die künstliche Intelligenz treten in unser alltägliches Leben und erzeugen große Unsicherheiten. Soziale Spannungen und zunehmende Schieflagen gefährden den gesellschaftlichen Frieden. Zuerst subtil, wird es inzwischen immer klarer: Unser bisheriger Weg führt in eine fatale Sackgasse der Zerstörung unserer eigenen Lebensgrundlage. Dennoch sehe ich für die Menschheit eine andere Bestimmung, als mit schlafwandlerischer Sicherheit die tödliche »Krankheit« seines Heimatplaneten zu sein: Die Vernunft jedes Einzelnen kann die Revolution mitgestalten, die unser bisheriges System so weiterentwickelt, dass ein Gleichgewicht nicht nur zwischen bestimmten Gemeinschaften in bestimmten Ländern entsteht, sondern sich eine Balance zwischen den Menschen weltweit und eine Harmonie zwischen den Menschen und ihren Lebensräumen bildet. Warum gegen die Kräfte der Märkte kämpfen, wenn wir sie selbst in die richtige Richtung lenken können? Es geht um Kanalisieren und Verstärken – nicht um Stoppen und Zerschlagen. Und es geht darum, trotz oder gerade wegen unserer vielen Freiheiten den Hang zur unbegrenzten Selbstentfaltung aufzugeben und unsere globale Gesellschaft in den Mittelpunkt zu stellen – nach dem Prinzip der Subsidiarität: Hilfe, wo Hilfe notwendig ist, damit die Würde und das Leben jedes Einzelnen bestehen bleibt.

Wir können es verkürzt mit Franz von Assisi sagen: »dass ich liebe, wo man hasst; dass ich Hoffnung wecke, wo Verzweiflung quält. Herr, lass mich trachten, nicht, dass ich verstanden werde, sondern dass ich verstehe; nicht, dass ich geliebt werde, sondern dass ich liebe.« Und wir können es mit einer indianischen Weisheit bestärken: »Urteile nie über einen anderen, bevor du nicht einen Mond lang in seinen

Mokassins gelaufen bist.« Im Klartext: Es wird nur gemeinsam gehen, nicht gegeneinander. Wenn wir uns immer wieder damit aufhalten, den »anderen« besiegen zu wollen, und darauf unsere wertvollen Ressourcen verschwenden, werden wir am Ende nur eines gemeinsam tun: scheitern.

Als mosaikartigen Gegenentwurf zu diesem Bild stelle ich in den nächsten Kapiteln dieses Buches einzelne Projekte vor – »Puzzlestücke«, wie ich sie nenne –, von Kolleginnen und Kollegen und von mir selbst ins Spiel gebracht. Wir brauchen vielfältige Ideen, Entwicklungen und Schwerpunkte, denn: Es kann nicht die eine Innovation, die eine Technologie geben, die alle unsere Probleme löst. So, wie unsere Erde in Millionen von Jahren zu einem unvergleichlichen System herangewachsen ist, benötigen wir eine systemische Lösung. Einen Ansatz, der wirtschaftliche, ökologische und soziale Aspekte gleichermaßen umfasst. Im ökonomischen Bereich müssen wir uns auf schnellere Innovationen und deren zügige Skalierung fokussieren: Offenheit für Neues und Mut für seine Marktreife! Dazu lohnt es sich, auf die natürlichen Grenzen des Wachstums zu schauen – weg vom rohstoffbasierten »Immer mehr«, hin zum Ressourcenreichtum von Daten und Wissen.

KAPITEL 3

MEHR VERSCHWENDUNG ALS VERWENDUNG

DURCHSCHNITTS-WERTE: ERKENNTNISSE IM NAHRUNGS-MITTEL

Wir haben es bereits festgestellt: Den großen Rahmen für unser Puzzle bilden Kreislauf, Effizienz, Wachstum, Wettbewerb und Gerechtigkeit. Wenn wir die unterschiedlichen Teile nach und nach zu einem Gesamtbild zusammensetzen, merken wir, wie sich in vielen Bereichen zusätzliche Fragen ergeben. Wie ernähren wir uns von Mutter Erde? Was lernen wir aus unserem Handeln? Wie gestalten wir unsere Lebensräume? Womit bewegen wir uns durch den Raum?

Und was erkennen wir, wenn wir uns beispielsweise damit beschäftigen, wie eine Batterie oder ein Verbrennermotor funktionieren? Weshalb die Erwärmung der Weltmeere so viel nach sich zieht … Oder, oder, oder. Aber je mehr sich unser Puzzle zu einem großen Bild zusammenfügt, werden wir sehen, wie sich Technologie, natürliche Grundlagen und über mehrere Generationen hinweg erarbeitetes Wissen miteinander verbinden lassen. Wie ein erst einmal in Bewegung gebrachter Innovationsfluss seine Dynamik immer weiter selbst verstärkt. Wir werden aber auch feststellen, dass es stets Menschen braucht, die sich für die konkrete Umsetzung von Themen begeistern können und dabei in einem gesunden Wettbewerb miteinander stehen. In diesem

Kapitel lernen Sie Personen kennen, die eng mit ihren unterschiedlichen Ideen und deren Realisierung verbunden sind.

AM BODEN ZERSTÖRT?

Immer häufiger hören wir Geschichten wie die eines brandenburgischen Bauern, der irgendwo zwischen Berlin und Ostsee nach einem Starkregen plötzlich vor einem schnell strömenden Fluss steht, wo einst sein fruchtbares Feld gewesen ist. Ein Fluss, der seine ertragreiche Erde mit sich gerissen hat. Dabei handelt es sich weder um eine extreme noch um eine extrem seltene Geschichte, ja nicht einmal um eine »Geschichte« als solche. Nachrichten wie diese liest man kaum mehr, weil sie normal geworden sind. Die Art und Weise, wie wir seit Jahrzehnten und auch noch aktuell weltweit Landwirtschaft betreiben, hat viel dazu beigetragen, dass es so gekommen ist. Damit uns nicht das letzte Stück Boden unter den Füßen weggerissen wird, müssen wir umdenken und handeln.

Der Ursprung unseres bodenlosen Leichtsinns liegt bereits einige Zeit zurück. In den 1960er-Jahren haben wir mit dem Einsatz hochgezüchteter Pflanzensorten, künstlicher Düngemittel, jeder Menge Pestizide und immer mächtigerer Maschinen auf immer größeren Flächen begonnen. Die industrielle Landwirtschaft, von manchen »grüne Revolution« genannt, führte zu gesteigerten Erträgen, günstigeren Verbraucherpreisen und leistete auch einen Beitrag zur Bekämpfung des Hungers auf der Welt. Das ist die kurzfristige Betrachtung. Auf lange Sicht ernten wir jedoch die Nachteile unserer Supersaat: Unser Hang zur einseitigen Ausrichtung auf eine lineare (Land-)Wirtschaft verzehrt die Artenvielfalt und laugt die Böden aus. Abgesehen vom direkten Einfluss auf die Erträge, die sich nur noch durch immer größeren Aufwand erzielen lassen, verlieren die Böden ihre Fähigkeit, Kohlenstoff zu binden, und werden so zu CO_2-Produzenten.

Fruchtfolgen, Pilze im Boden, die Art der Maschinen und ihr Gewicht – das alles spielt eine entscheidende Rolle. Diese Zusammenhänge sind bekannt, und wir haben es auch in diesem Fall nicht mit fehlenden Ideen oder Maßnahmen zu tun, sondern es geht um eine notwendige Veränderung unserer Arbeitsweise beziehungsweise unseres landwirtschaftlichen Geschäftsmodells. Die natürliche CO_2-Speicherung zeigt uns auf, wie eng die einzelnen Bestandteile unseres Systems »Erde« miteinander zusammenhängen – und dass die Störung an einer Stelle auch zu Problemen an anderen Stellen führt. Umgekehrt bringen Methoden, die die Widerstandsfähigkeit der Böden stärken, auch positive Effekte für die Artenvielfalt und den Klimaschutz mit sich. Viele Bauern suchen nach Möglichkeiten des Humusaufbaus, aber die Böden sind beinahe ausgelaugt.

An diesem Punkt treffen wir erneut auf Dietmar, der zu Beginn dieses Buchs bereits kurz die Einordnung der Menschheit in die Erdgeschichte beackert hatte. Dietmar besitzt zwei Diplome, die wenig mit dem Boden-Thema zu tun haben: Betriebswirtschaft und Sportwissenschaften. Doch als er sich nach einigen Berufsjahren als Marketingdirektor erstmals mit der Vermarktung von Bioprodukten befasste, war der Weg geebnet: 2018 gründete Dietmar die Ökologische Wissensakademie (ÖWA), eine gemeinnützige Gesellschaft, die produktive sowie biodiversitäts- und naturverträgliche Landwirtschaft vorantreibt. Ein zentrales ÖWA-Vorhaben liegt darin, Bauern zu schulen. Dabei zeigt der Verein den Landwirten anhand konkreter Empfehlungen, wie umweltfreundliche Lösungen in ihrem jeweiligen Bereich aussehen können. Das Wichtigste jedoch: Die Akademie begleitet die Bauern ein Jahr lang auf ihrem Weg der Veränderung, damit die Umsetzung gelingt.

Weshalb ist die Konzentration auf den Naturschutz landwirtschaftlicher Areale so bedeutsam? Mehr als die Hälfte aller Flächen in Deutschland wird landwirtschaftlich genutzt, etwa 30 Prozent sind Wald, und der Rest verteilt sich auf Gewässer, Städte, Straßen und mehr. Wenn wir lediglich in ausgewiesenen Naturschutzgebieten – und damit nur auf rund 6,5 Prozent der Landesfläche – etwas zum Positiven verändern, ist das in der Summe viel zu wenig, um für das große Ganze etwas zu bewirken. Wir dürfen den Naturschutz nicht auf kleine Reservate begrenzen. Idealerweise heben wir die bisherige Trennung von Stadt, Nutzfläche und Natur sogar auf und vermischen die Areale miteinander.

Während der Gewässerschutz bei uns seit mehreren Jahrzehnten hoch im Kurs steht und wir uns spätestens seit dem

Dieselskandal der Autoindustrie auch verstärkt um die Qualität unserer Atemluft bemühen, machen wir uns über unsere Böden und darum, wie wir ihren fruchtbaren Humusanteil erhalten können, viel zu wenige Gedanken, sagt Dietmar. Dramatisch ist dabei, dass sich das »System Boden« geologisch nur sehr langsam verändert – vor allem, wenn es um Verbesserungen geht. »Zerstören geht immer schnell, Aufbauen dauert eine halbe Ewigkeit«, sagt Dietmar: »Im Fall von Humus sprechen wir von Jahren oder Jahrzehnten. Auch problematische Bodenverdichtungen, die durch das Befahren mit schweren Maschinen zu einem ungünstigen Zeitpunkt zustande gekommen sind, stellen wir noch Jahrzehnte später fest.«

Wir sollten uns immer wieder klarmachen: Während die Luft im Zweifelsfall wegweht und Fließgewässer einer gewissen Dynamik unterliegen, müssen wir bei unseren Böden für eine sehr lange Zeit mit dem leben, was wir verursacht haben. Wollen wir die Erde zu unseren Füßen für die Produktion von Nahrungsmitteln erhalten, müssen wir sie auch entsprechend nachhaltig behandeln, anstatt sie permanent mit Füßen zu treten.

Es gilt immer wieder, die Zusammenhänge zu beachten. Pflanzen sind von Bakterien und Pilzen umgeben, die die Nährstoff- und Wasseraufnahme der Flora verbessern und die Bodenstruktur stärken. Diese Symbiose unterliegt dem Prinzip der Fotosynthese: Pflanzen produzieren Zucker, den sie zum Wachsen und um Früchte zu bilden benötigen. Einen großen Teil dieses Zuckers geben die Pflanzen in den Boden ab, womit sie die dort lebenden Bakterien und Pilze ernähren. Im Gegenzug versorgen die Mikroben die Pflanzen mit Nährstoffen, an die die Gewächse ohne sie nicht herankommen: Pilze bilden mit ihren Hyphen – fadenförmige Zellen, die der Nährstoff- und Wasseraufnahme dienen – ein riesiges Netzwerk und erstrecken sich in Regionen des Erdreichs, zu denen die Wurzeln der Pflanzen nicht gelangen. Diese Symbiose ist entscheidend für die verbesserte Aufnahme von Wasser und Nährstoffen – etwa Phosphor und viele andere Elemente: Pilze wandeln diese für Pflanzen unzugänglichen Nährstoffe in eine Form um, die von ihnen leicht aufgenommen werden kann, und verbessern so deren Ernährung, Gesundheit und Produktivität. Am Ende ist es ganz einfach: Bakterien und Pilze können auch gut ohne uns leben – aber wir nicht ohne sie.

Warum ist es wichtig, das zu verstehen? Einer weiteren seiner »Funktionen« folgend, speichert Humus etwa das 20-Fache seines Eigengewichts an Wasser. Außerdem sorgt er dafür, dass Wasser in tiefere Schichten des Bodens eindringen kann und nicht an der Oberfläche abfließt. Auf diese Weise kann der Boden starke Frühjahrsniederschläge speichern. Die Wasserversickerung bildet auch einen wirksamen Schutz vor Hochwasser und Überschwemmungen. Gute, gesunde Böden infiltrieren in wenigen Minuten mehr als 100 Liter Niederschlag pro Quadratmeter. Das ist weitaus mehr als die Menge, die beispielsweise beim dramatischen Hochwasser der Ahr abgeflossen ist!

Das soll keineswegs heißen, dass intakte Böden in der Umgebung das Hochwasser komplett verhindert hätten, aber sie wären eine effektive Ergänzung zum technischen Hochwasserschutz gewesen – und sie hätten ihn aus rein wirtschaftlicher Sicht bedeutend günstiger gemacht.

Böden zu vernachlässigen führt zu finanziellen, kommerziellen Nachteilen auch aufseiten der Landwirte. Deren Kosten steigen, da Pflanzen, die keine intakte Symbiose mit einer Vielzahl von Mikroben eingehen können, deutlich anfälliger für Krankheiten sind. Das wiederum zieht Investitionen in Pestizide und Arbeitskosten für deren Ausbringung nach sich. Diese Pflanzenschutzmittel vergiften außerdem nicht »nur« die Pflanzenschädlinge, sondern haben oft auch fatale Auswirkungen auf die Mikrobiologie im Boden. Ein Teufelskreis beginnt, wo wir einen ganz anderen Kreislauf benötigen.

Was können wir tun? Zunächst sollten wir anerkennen, dass die Landwirtschaft in Deutschland es vollbracht hat, genügend Nahrungsmittel für unsere Bevölkerung und darüber hinaus zu produzieren und damit die Zeit der Hungersnöte verlässlich in die Vergangenheit zu verbannen. Was uns heute als Selbstverständlichkeit erscheint, war es für unsere Vorfahren beileibe nicht. Klar ist aber auch, dass unser aktuelles Wirtschaften endlich ist – eine Einschätzung, die viele Landwirte teilen. Wir benötigen sehr viel Fläche, verbrauchen enorme Mengen Wasser und verschwenden Lebensmittel in beträchtlichem Maße. Die Frage ist: Wie kommen wir aus dieser Misere wieder heraus? Oder besser: Wie können wir die Landwirtschaft so weiterentwickeln, dass wir nach wie vor ausreichend hochwertige Lebensmittel produzieren und gleichzeitig unsere Lebensgrundlagen erhalten? Fest steht: Wir müssen es schaffen, unsere Nahrungsmittelherstellung und unser Wassermanagement in nachhaltige, effiziente Systeme zu überführen und dabei nicht wieder in Zeiten des Mangels zurückzukehren.

Es braucht Lösungsansätze, die zuerst Pflanzen, danach Tiere und zuletzt den Kreislauf von Tier und Pflanze betreffen und sich aus der Symbiose von verstandener Natur und Technologie ergeben. Die Bodengesundheit wiederherzustellen und zu erhalten bildet dabei gleichermaßen die Basis für unsere Ernährungssicherheit, den Erhalt der Biodiversität und den Klimaschutz. Die herkömmliche Bodenregeneration durch intelligente Bepflanzung ist effektiv, braucht aber Jahrzehnte, um bedeutsame Verbesserungen zu erzielen. Diese Zeit geben wir uns nicht. Daher benötigen wir mehrere Maßnahmen, die schneller funktionieren. Eine davon ist der *ÖWA-Bioreaktor* – eine Nachempfindung des ursprünglichen *Johnson-Su-Bioreaktors* aus den USA. Die Anlage ist so etwas wie eine Zuchtstation für Mikroben, die nach der Kultivierung in den Boden und auf die Pflanzen gebracht werden, was den Regenerationsprozess beschleunigt.

Als für den landwirtschaftlichen Einsatz in Deutschland optimierter Prototyp arbeitet der *ÖWA-Bioreaktor* nach wichtigen Verfahrensprinzipien. Dazu zählen Ruhe und viel Sauerstoff und wenig CO_2. Die Luftfeuchtigkeit muss sehr hoch sein und bei rund 70 Prozent liegen. Der Bioreaktor ist mit einfachen Mitteln zu bauen und ebenso mühelos zu betreiben. Seine simple Steuerung ermöglicht die Regelung und Überwachung der Feuchtigkeit und der Temperatur. Eine Art überdimensionaler Gartenkomposter in der Größe eines Seecontainers, bei dem im Gegensatz zur Umwandlung organischen Materials in Pflanzennährstoffe eben die Kultivierung eines Mikrobioms für optimales Pflanzenwachstum im Vordergrund steht. In der Einhaltung der beschriebenen Bedingungen und in der Größe liegt der entscheidende Unterschied zu Ihrem Kompost im Garten. Mit wenigen Kilogramm Biomasse kann der umgebene Boden »angesteckt« werden. Die benötigten Mengen sind relativ gering, haben aber weltweit zu bedeutsamen Ergebnissen in der Bodenregeneration geführt. Positive Effekte zeigen sich häufig schon im ersten Jahr.

Auch Charlotte hat ihr Handeln in den Dienst der Nachhaltigkeit gestellt. Ich durfte sie kennenlernen, als sie auf der Suche nach einer Projektarbeit war, die sie bei mir absolvieren konnte. Mitten in der Coronazeit. Kontakt: online only. Bis heute haben wir uns nie persönlich getroffen – dennoch laufen wir uns immer wieder digital über den Weg, denn: Sie hat sich mit ihrem Team auf Kohle spezialisiert. Wie bitte? Nein, kein Grund zur Aufregung: Es geht um Pflanzenkohle! Diese birgt im Gegensatz zu ihren fossilen Namensvettern großes Potenzial für ökologisch nachhaltige und klimafreundliche Problemlösungen. Als Filter, als alternativer Brennstoff, als Ertragssteigerer von Ernten. *RecyCoal* heißt Charlottes Start-up-Unternehmen, dessen Fokus auf der Funktion von Pflanzenkohle als Bodenaufbesserer liegt.

Dabei kommt die Kohle auch als »Carbon Dioxide Removal«-Technologie zum Einsatz.

Charlotte engagiert sich für eine nachhaltige Welt, indem sie Ideen tatkräftig umsetzt – mit großer Leidenschaft für die erstaunlichen Möglichkeiten, die sich aus der Kombination von Naturwissenschaften und Technik ergeben. Die Pflanzenkohle ist genau eine solche Lösung, in der sich Natur und Technik vereinen. Die Vision: fruchtbaren Humus und CO_2-Senken mithilfe von Pflanzenkohle zu schaffen. Durch hohe Temperaturen und quasi unter Ausschluss von Sauerstoff (Pyrolyse) werden bislang ungenutzte Ernteabfälle – zum Beispiel nicht verwertbare Pflanzenreste oder Schalen von Früchten – im globalen Süden zur Pflanzenkohle verarbeitet und somit zu äußerst potentem Dünger. So lässt sich der natürliche Kohlenstoffkreislauf von Pflanzen dazu nutzen, CO_2 aus der Atmosphäre zu binden und von Dürre betroffene Böden fruchtbar zu machen. Die Produktion konzentriert sich auf aride Zonen mit kohlenstoffarmen Böden, wie es sie etwa im Senegal, in Ruanda und in Tansania gibt. Dort entfaltet der Dünger sein größtes Potenzial, da die Kapazität der Böden für die Wasser- und Nährstoffspeicherung durch die große Oberfläche der Pflanzenkohle im Boden gesteigert wird. Mit einfacher und handlicher Technologie für die Pyrolyse und digitales Tracking per App schafft *RecyCoal* skalierbare, transparente und direkte CO_2-Senken. Ihren Leitspruch hat Charlotte vom britischen Naturforscher und Schriftsteller Sir David Attenborough geborgt: »Each and everyone of us can make a difference. Together we can cause a revolution.« So hat die Pflanzenkohle auf den Feldern bereits zu einer Vervierfachung der Ernte geführt.

Der Boden kann mit diesem Wissen bereitet werden, und es hängt davon ab, ob wir alle den Boden unter unseren Füßen schätzen und ihm Leben einhauchen.

»Wo Leben ist, da darf auch Hoffnung sein«, sagt Henrik Ibsen.

NATUR UND TECHNIK: KEINE BAUERNOPFER

Auf gesunden Böden folgen wir unserem Pfad weiter: weg von einjährigen Monokulturen, hin zu mehrjährigen Systemen – indem »alte« Anbaumethoden wie »Market Gardening« und »Agroforst« mit neuen Technologien kombiniert werden, die deren jeweilige Schwachstellen ausgleichen.

Agroforstwirtschaft beschreibt ein nachhaltiges Landnutzungssystem, das Bäume, Sträucher, Ackerkulturen oder Tierhaltung auf derselben Fläche miteinander kombiniert, um ökologische und ökonomische Vorteile zu erzielen. Diese Methode bietet Schutz und Nahrung für Bodenmikroorganismen, verbessert die Wasserrückhaltung und reduziert den Bedarf an künstlicher Bewässerung und Düngung. Darüber hinaus schaffen Agroforstsysteme Lebensräume für zahlreiche Tierarten und tragen somit zur Erhaltung der Biodiversität bei. Durch Agroforstsysteme lassen sich zahlreiche Produkte wie Getreide, Gemüse, Obst, Eier und Honig sowie Baumaterialien erzeugen, was eine breite Palette von

Erzeugnissen auf derselben Fläche ermöglicht. Die Agroforstwirtschaft, ein schon 4000 vor Christus betriebenes und später wiederentdecktes Konzept, vereint die Prinzipien der Land- und der Forstwirtschaft zu einem nachhaltigen Landnutzungssystem. Traditionelle Formen wie Streuobstwiesen sind historische Beispiele dafür.

Beim »Market Gardening« geht es um eine intensive Form der kleinflächigen Landwirtschaft, die darauf abzielt, eine breite Palette von Gemüse, Obst und manchmal auch Tierprodukten auf relativ engem Raum zu erzeugen. Die Methode ist seit der Antike bekannt und konzentriert sich auf die direkte Vermarktung an Verbraucher, lokale Märkte, Restaurants und Lebensmittelkooperativen.

»Market Gardening« zeichnet sich durch effizienten Einsatz von Arbeitskraft, minimierten Gebrauch schwerer Maschinen und bewussten Umgang mit natürlichen Ressourcen aus. Ziel ist es, hochwertige, frische und saisonale Lebensmittel zu gewinnen, während die Bodengesundheit gefördert und ökologische Nachhaltigkeit praktiziert wird. Im Gegensatz zu großflächigen landwirtschaftlichen Betrieben, die häufig monokulturell ausgerichtet sind, überzeugt »Market Gardening« durch Diversität, wobei naturnahe Anbaumethoden wie die Prinzipien der Fruchtfolge, der Mischkultur und der biologischen Schädlingsbekämpfung im Vordergrund stehen. Durch die direkte Verbindung zwischen den Produzenten und den Konsumenten entsteht ein Netzwerk, das viele positive Aspekte hat.

Kombinieren wir die beiden Ansätze, ergeben sich einige Vorzüge.

- *Pluspunkt Nachhaltigkeit:* »Market Gardening« fördert Anbaumethoden, die zur Erhaltung der Bodenfruchtbarkeit beitragen und den Einsatz von chemischen Düngemitteln sowie Pestiziden vermindern. In Agroforstsystemen binden die Bäume Kohlenstoff aus der Atmosphäre und speichern ihn im Boden sowie in der Biomasse. Der Humus dient als Nährstofflieferant für Pflanzen, fördert die Bodenfauna wie Mikroorganismen und dient als Wasserspeicher. Unter den Gehölzen gelangen deutlich weniger Schadstoffe wie Nitrate ins Grundwasser, und Treibhausgasemissionen werden reduziert. Die Kombination unterschiedlicher Pflanzenarten schafft Lebensräume und fördert die Artenvielfalt.
- *Pluspunkt Schutzfunktion:* Agroforstsysteme können vor Umweltschäden und vor Extremwetterereignissen wie Trockenheit, Starkregen und Erosion bewahren. Die Bäume und Sträucher dienen als Windschutz und bieten Schatten für Tiere. Das Konzept trägt zur Erhöhung der Resilienz gegenüber den Auswirkungen des Klimawandels bei. Gehölze reduzieren die Windgeschwindigkeit erheblich und schützen so vor Bodenabtragung. Bäume erhöhen die Luftfeuchtigkeit und schaffen ein günstigeres Mikroklima für angebaute Kulturen. Sie bringen Wasser aus tieferen Schichten nach oben, was anderen Pflanzen zugutekommt.
- *Pluspunkt »Lokale Wertschöpfung«:* Die Vielfalt der angebauten Produkte kann umfangreicher sein als in der

großflächigen Landwirtschaft, was zu einer gesünderen Ernährung und einer höheren Resistenz gegen Krankheiten und Schädlinge führen kann. Für Produzenten kann »Market Gardening« ein lukratives Geschäftsmodell sein, vor allem, wenn Produkte direkt an Endverbraucher oder hochwertige Märkte verkauft werden. Es unterstützt die lokale Lebensmittelproduktion und verkürzt dadurch die Transportwege, was wiederum zu einer Reduktion der CO_2-Emissionen führt. Die durch Agroforstwirtschaft ermöglichte Erzeugung unterschiedlicher Produkte auf derselben Fläche fördert die regionale Versorgung mit klimafreundlicher Ware und unterstützt eine nachhaltige Nahrungsmittelproduktion. Obwohl durch die Baumpflanzungen Ackerfläche verloren geht, kann der Gesamtertrag durch die positiven Effekte auf die Umgebung gehalten oder sogar gesteigert werden. Bäume bieten zusätzliche Ertragsmöglichkeiten wie Holz, Nüsse und Früchte.
- *Pluspunkt »Community Engagement«:* Beide Konzepte fördern die Verbindung von Verbrauchern und Landwirten und können das Bewusstsein für landwirtschaftliche Praktiken und die Herkunft von Lebensmitteln stärken.

Diesen Vorteilen stehen ohne technologische Unterstützung allerdings auch einige Mankos gegenüber.
- *Nachteil Arbeitsintensität:* Die manuelle Tätigkeit kann zeitaufwendig sein, was die Skalierbarkeit des Unternehmens einschränken kann.

- *Nachteil Basiswissen:* Unabdingbare Voraussetzung ist ein tiefgreifendes Know-how über verschiedenste Pflanzen, nachhaltige Anbaumethoden, Bodenmanagement, Schädlingsbekämpfung und andere landwirtschaftliche Praktiken.
- *Nachteil Marktzugang:* Der direkte Verkauf an Verbraucher oder lokale Märkte und kleinere Mengen erfordern zusätzliche Anstrengungen beim Marketing und Vertrieb, die für einige Landwirte herausfordernd sein können.
- *Nachteil Startkapital:* Obwohl sie geringer sind als im Bereich der großflächigen Landwirtschaft, können die Anfangsinvestitionen für Werkzeuge, Samen, Gewächshäuser und andere Infrastruktur erheblich sein.

An diesem Punkt kommt Patrick ins Spiel, ein junger Mann, der mir seine Idee für eine Ausgründung vorgestellt hat: die Automation der Landwirtschaft. Da er selbst aus einem solchen Betrieb stammt, weiß er, wovon er spricht und wie schwierig es ist, sich als Landwirt »über Wasser« zu halten. Deswegen will er das Gewerbe revolutionieren und die Produktivität sprunghaft steigern. Mit weitsichtiger Intelligenz statt blind nach dem »Höher, schneller, weiter«-Prinzip. Patrick verbindet altes Wissen mit modernen Möglichkeiten: Automation, Planung, Überwachung. Später lädt er mich zu sich ein, zeigt mir die Umsetzung seiner damaligen Idee. Sein Bauernhof ist zum Innovationszentrum geworden. Mit einer Elektronikwerkstatt in der Scheune, während das alte Wohnzimmer zur Programmierstube geworden ist.

Kleine Einheiten erledigen 24 Stunden am Tag und sieben Tage in der Woche die zuvor von Menschenhand erledigten Aufgaben autonom. Jäten, Wässern, Pflanzen: übernommen von künstlicher Intelligenz, Sensorik, Techniken des autonomen Fahrens. Die KI hilft bei der Planung und Gestaltung der Flächen. Was muss wo und zu welchem Zeitpunkt angepflanzt werden? Welche Fruchtfolgen sind einzuhalten? Vielfalt und Kleinteiligkeit sind kein Problem mehr. Die Basis bildet altgedientes Wissen, von Experten eingepflegt und durch Software weltweit verfügbar gemacht. Lokale Gegebenheiten erkennt und lernt die KI Schritt für Schritt, womit sie das System ständig weiterentwickelt. Gezieltes Monitoring schickt die autonomen Einheiten zur Arbeit und versorgt sie mit Anweisungen. Damit sind viele der genannten Mankos der »alten« Ansätze beseitigt. Den letzten Teil können und müssen wir selbst erledigen – indem wir unser Verhalten als Konsumenten anpassen und solche lokalen Lösungen durch unsere Kaufentscheidungen unterstützen. Sein Unternehmen trägt sich selbst. Ein bisheriger Widerspruch löst sich durch den Einsatz von KI auf: Das Gesetz der Landwirtschaft, dass immer größere Flächen mit immer größeren Maschinen die einzige Lösung sind, ist Geschichte.

*

Erstaunlich, wie bisher unlösbare Dinge irgendwann doch lösbar sind, wenn die Zeit dafür gekommen ist, denke ich im Jahr 2034 auf einer meiner Reisen zwischen dem Jetzt und der guten Zukunft, die wir uns wünschen. Die Landschaft gleitet an mir vorbei, und der ICE lässt kaum Zeit zum langen Betrachten. Es regnet unaufhaltsam, aber auf den Feldern da draußen steht kein Wasser. Die Böden nehmen die Fluten auf, und ich freue mich, dass unsere Erkenntnisse aus den Zwanzigern Schule gemacht haben. Wir kommen voran.

FUTTERMITTEL-REVOLUTION: SIEGESZUG DER SOLDATENFLIEGE?

Es ist einige Zeit her, dass ich etwas von Marius gehört oder gelesen habe. Mehrere Jahre lang war er Angestellter und ehemaliger Doktorand an meinem Lehrstuhl. Damals beschäftigte er sich mit automatisiertem Fahren, jetzt schreibt er mir eine E-Mail, in der es um Insekten geht. Ich überlege kurz, ob ich Zeit dafür habe, mich mit dem Thema zu beschäftigen, zögere. Doch dann setzt sich meine Neugierde durch. Ich lade Marius auf einen Kaffee ein und höre mir an, was er zu erzählen hat. Das Thema, mit dem er sich beschäftigt – »Produktion von Insekten« –, klingt eigenartig, ist aber durchaus spannend. »Wir können die Abholzung der Regenwälder aufhalten, wenn wir genügend Insektenprotein herstellen«, sagt Marius. Dafür braucht es Fabriken und Produktionstechnik, die entwickelt werden müssen, erklärt er. Nach unserem Gespräch steht es 5:0 für die Insekten.

Aber der Reihe nach. Ich habe von Marius gelernt, dass Insekten als Futtermittel oder als Ersatz für andere Rohstoffe künftig eine enorme Effizienzsteigerung bei der Produktion tierischer Nahrung herbeiführen können. Soja durch Insektenprotein und Palmöl durch Insektenöl zu ersetzen kann zum Rückgang der Waldrodung und zum Schutz der Biodiversität beitragen. Untersuchungen zur Nutzung von Insektenbiomasse haben bereits gezeigt, wie sich die Umwandlung von Nebenströmen der Lebensmittelindustrie grundsätzlich positiv auf die Umwelt auswirken kann. Insekten wie die Schwarze Soldatenfliege haben eine hohe Futterverwertung – das heißt: Sie benötigen weniger Nahrung, um die gleiche Eiweißmenge zu produzieren, als unsere sogenannten Nutztiere. Weshalb? Insekten benötigen, im Gegensatz zu Warmblütern, keine Energie zur Regulierung ihrer Körpertemperatur, was zu einer effizienteren Futterverwertung führt. Dieser Umstand begünstigt ein schnelleres Wachstum bei geringerem Ressourceneinsatz. Insekten wie Grillen, Mehlwürmer und Larven der Schwarzen Soldatenfliege können ein Kilogramm essbares Protein mit 1,7 Kilo Futter produzieren. Rinder benötigen dafür sechs bis zehn Kilogramm, Schweine drei bis fünf. 1:0 für die Insekten.

Ein weiterer Vorteil liegt in ihrem hohen verzehrbaren Anteil, der mit 80 bis 100 Prozent deutlich über demjenigen konventioneller Nutztiere liegt. Bei Rindern sind es 40 Prozent ihres ursprünglichen Lebendgewichts, bei Masthühnern und Schweinen 55 Prozent, die verzehrbar sind. 2:0 für die Insekten, die sich außerdem auf organischen Abfällen züchten lassen, was den Ackerlandbedarf und den Druck auf die landwirtschaftlichen Ressourcen verringert. Pro Kilogramm Protein benötigen sie 18 Quadratmeter, Rinder das Acht- bis Vierzehnfache. 3:0 für die Insekten. Darüber hinaus stoßen sie pro Kilogramm Masse deutlich weniger Treibhausgase und Ammoniak aus, als das in der traditionellen Viehzucht der Fall ist: Einem Kilogramm CO_2 bei den Insekten stehen 27 bis 40 Kilo bei Rindern gegenüber. 4:0 für die Insekten, für deren Zucht der Wasserverbrauch je Kilogramm Masse wesentlich geringer ausfällt als in der konventionellen Tierhaltung: 4000 Liter im Vergleich zu 16 000 Litern beim Rind. 5:0 für die Insekten.

Tierische Proteine zu verwenden, die aus Insekten gewonnen werden, erkennen die EU-Rechtsvorschriften für die Zuchtfischfütterung bereits an. In den Vorschriften sind die Verwendung von Proteinen aus sieben Insektenarten und die zulässigen Substrate für die Aufzucht von Insekten geregelt. Insekten weisen mehrere Vorteile in Bezug auf den Nährwert auf, und die Aminosäurenzusammensetzung ihrer Proteine entspricht im Allgemeinen den Anforderungen für gutes Wachstum und Gesundheit. Durch die positiven Eigenschaften werden Insekten zunehmend als Ersatz für herkömmliche tierische Proteine verwendet werden, vor allem im Bereich des »Aquafeed«.

Marius hat recht: Der Amazonas-Regenwald wird gerodet, weil Südamerika immer mehr Soja anbaut, das als Futtermittel für unsere Nutztiere zum Einsatz kommt. Unser Fleischkonsum treibt also die Abholzung des Amazonas drastisch voran. Auch die Überfischung der Ozeane ist ein großes Problem. Zwar wird immer mehr Fisch in Aquakulturen produziert, aber auch dort wird wenig nachhaltig gefüttert: mit Fischmehl – also wiederum Fisch aus den Ozeanen. Beide Futtermittel lassen sich durch Insektenproteine ersetzen, sagt Marius und erklärt, dass die Larven der Schwarzen Soldatenfliege fast alles verwerten können: Lebensmittelreste, Schlachtabfälle, sogar Gülle. Die Larven, sagt er, lassen sich industriell produzieren. Seit Monaten experimentiert er bei sich zu Hause. Wir beschließen daher, dass es eine kleine Pilotanlage braucht, mit der wir ergründen, ob Insekten tatsächlich industriell produziert werden können. Kurz darauf macht sich der 30-Jährige ans Werk. Schon bald unterstützen ihn fünf Studenten bei seinem Projekt und werkeln in einem Seecontainer.

Nach seiner Promotion arbeitet Marius ein Jahr lang an einem Fraunhofer-Institut, das sich dem »Insect Farming« widmet – doch dann beschließt er, dass er für sein Vorhaben mehr praktische Erfahrung braucht, und er lenkt seine Aufmerksamkeit fortan ausschließlich auf sein Start-up-Unternehmen. Wenig nachhaltige, aber längst etablierte Futtermittel wie Soja und Fischmehl durch weitgehend unbekanntes Insektenprotein vom Markt zu verdrängen ist ein harter Wettbewerb. Die klassischen Proteinquellen werden in riesigen Maßstäben produziert und weltweit gehandelt. Dementsprechend gering sind die mit ihnen verbundenen Kosten. Insektenlarven können ihr Nachhaltigkeitspotenzial also nur dann ausspielen, wenn sie günstig genug werden. Ich fühle mich kurz an unsere Erfindung des E-Fahrzeugs *StreetScooter* erinnert, dessen Erfolg damals ebenfalls auf wettbewerbsfähige Kosten angewiesen war. Der Hebel dafür ist die Produktionstechnik.

Doch wie lassen sich die Investitionen für Insektenprotein günstiger gestalten? Klassischerweise nutzt man sogenannte Skaleneffekte: je größer die Produktionsstätte, desto niedriger die Stückkosten. Das hatten andere Start-up-Betriebe der Insektenwirtschaft schon vor uns versucht – ohne dass sich die Technologie bislang durchgesetzt hätte. Offensichtlich waren die kleinen Margen aus dem Verkauf der Futterlarven nicht groß genug, als dass Investoren ein Risiko im zweistelligen Millionenbereich eingehen wollten. Entsprechende Fabriken benötigen außerdem riesige Mengen organischen Materials. Der Transport von jährlich rund 100 000 Tonnen Lebensmittelresten macht sich unweigerlich im Proteinpreis bemerkbar. Vermeiden lassen sich solche Lkw-Fahrten nur mit einer dezentralen Produktion: Die Lebensmittelreste müssten direkt dort, wo sie anfallen, an die Larven verfüttert werden. Bei einer entsprechend kleinen Anlage aber fehlen die Skaleneffekte für die kostenintensive Automatisierungstechnik.

Diesen Konflikt möchte Marius mit angepasster Produktionstechnik lösen. Eine dezentrale Anlage kann bei landwirtschaftlichen Betrieben aufgestellt werden und die dort oder in der näheren Umgebung anfallenden »Nebenströme« verwerten. Automatisierung braucht es dafür in Hochlohnländern trotzdem – haben Landwirte doch bei Weitem genug zu tun und nicht auch noch die Zeit, Insektenlarven zu beaufsichtigen. Ein Frachtcontainer ermöglicht eine schnelle Inbetriebnahme, da er einfach abgeladen wird und der Landwirt dort organische Reste hineingeben kann, die ohne weiteres Zutun an die Insektenlarven verfüttert werden. Die Überwachung der Larven durch einen Insektenexperten ist überflüssig: Sämtliche Prozessparameter werden per Mobilfunk an die Cloud gesendet.

Inzwischen hat Marius Mitstreiter zur Unternehmensgründung gefunden. Jerome und Leonard waren zuvor als studentische Hilfskräfte an meinem Lehrstuhl aktiv. Jeromes Stärke ist es, Ideen mit scheinbarer Leichtigkeit in eine funktionstüchtige Konstruktion umzusetzen. Er weiß über praktische Herausforderungen Bescheid und kann seine Konstruktionen selbst anfertigen. Leonard ist Automatisierungstechniker und hat nach seinem Studium bereits Berufserfahrung in der Pharmaindustrie gesammelt. Dank seiner Begeisterung für IT ist er in der Lage, Hardware mit Intelligenz auszustatten. *Omnivore Recycling* nennt sich das junge Start-up-Unternehmen – denn die Larven sind *Omnivore,* also Allesfresser. So ungebräuchlich demgegenüber der Recycling-Begriff für Lebensmittelreste sein mag, so bewusst ist er mit Blick auf die üblichen Verwertungswege doch gewählt. Ein großer Teil der Lebensmittelreste auf dem europäischen Kontinent landet in der Kompostierung oder in Biogasanlagen. Beides ist eine ineffiziente Nutzung von Nährstoffen – ein Downcycling also.

Für die Entwicklung des *Omnivore*-Containers setzt das junge Unternehmen auch auf die Unterstützung studentischer Hilfskräfte. Ein großer Vorteil des universitären Umfelds von heute: Es gibt viele junge Menschen, die sich für nachhaltige Ideen begeistern. Währenddessen nimmt das Geschäftsmodell allmählich Gestalt an. Die Container produzieren bei Landwirten frische Insektenlarven für Hühner, Schweine und Fische. Das direkte Verfüttern spart Verarbeitungsschritte und nützt dem Tierwohl, denn Untersuchungen zeigen, dass vor allem Geflügel nicht nur von einer besseren Nährstoffzufuhr profitiert, sondern von den krabbelnden Larven auch animiert wird. Die naturnahe Ernährung verhindert das Federpicken, das in der Massentierhaltung an die Stelle natürlicher Beschäftigung getreten ist. Der Landwirt unterdessen verringert mit dem lokal produzierten Futter neben dem CO_2-Ausstoß auch die Kosten.

Lebensmittelreste, die an die Larven verfüttert werden können, fallen entlang der gesamten Nahrungsmittel-Wertschöpfungskette an. Weltweit landet etwa ein Drittel der produzierten Lebensmittel gar nicht erst beim Verbraucher. Ein Skandal in vielfacher Hinsicht – und aus der Perspektive der Natur schon deshalb, weil für die Produktion dieser Nahrungsmittel immer mehr Waldflächen gerodet werden, mit entsprechenden Auswirkungen auf unser Klima. Die Produktion von Lebensmitteln ist für rund 30 Prozent der globalen Treibhausgasemissionen verantwortlich, und etwa zehn Prozent entfallen auf Lebensmittelreste. Während Verschwendung in westlichen Nationen ein großes Thema ist, leiden die sogenannten Entwicklungsländer unter anderen Problemen, etwa unter Ernteverlusten und fehlenden Kühlketten. Das ist zum einen bedrohlich für die Nahrungsmittelsicherheit, zum anderen führt die Entsorgung des organischen Materials auf wilden Deponien zur Emission von Methan, einem Treibhausgas, das um ein Vielfaches »klimaaktiver« als Kohlendioxid ist. Methan in die Atmosphäre freizusetzen ließe sich sowohl durch Kompostierung als auch durch Biogasanlagen verhindern – allein: Diese Technologien sind für Entwicklungsländer bislang zu teuer.

Die Larven der Schwarzen Soldatenfliege machen die Entsorgung nun erstmals zu einem lukrativen Geschäft. Damit wird organisches Material zu einer Ressource, deren Beseitigung nicht länger Kosten verursacht, sondern eine Wertschöpfung mit Gewinn ermöglicht. Der Nutzen für die häufig unterversorgten Länder ist enorm: Die lokal produzierte Proteinquelle reduziert die Abhängigkeit von globalen Märkten, da das günstige Futtermittel die Kosten für tierische Produkte senkt. Darüber hinaus lassen sich die Ausscheidungen der Larven als hochwertiger Dünger nutzen. Damit kann der Insekten-Dung den klimaschädlichen Kunstdünger ersetzen und in ärmeren Regionen, wo das Geld für Düngerimporte fehlt, die landwirtschaftlichen Erträge steigern. Larven und Insektendünger können auf diese Weise zu einer sicheren Proteinversorgung in Entwicklungsländern beitragen.

AUFZUCHT IM CONTAINER: MEER DAVON!

Für unser nächstes Puzzlestück weiten wir unseren Blick – und bleiben letztlich doch in einem Container. Nach mehreren Stationen in der Welt und einem Studium sowohl der Wirtschaft als auch des Ingenieurwesens hat es Peter wieder nach Aachen verschlagen. Von dort aus möchte er fortan erreichen, dass sein Wirken die Welt positiv beeinflusst. Er gibt seine sichere Anstellung auf, wird Mitgründer und Geschäftsführer des Unternehmens *Aixponic* – eine lokale, landbasierte Seafood-Produktion. Peter befasst sich mit »Aquaponik«, der Kombination aus Fischzucht in Aquakultur und Pflanzenzucht in Hydroponik. Dadurch, dass er Fische und Gemüse in einem Kreislaufsystem und in Symbiose kultiviert, möchte er mit seinen beiden Mitstreitern zwei Kernprobleme lösen: Zum einen wollen sie das ausgebeutete Ökosystem der Meere entlasten, zum anderen zu einer zuverlässigen, gesunden und nachhaltigen Lebensmittelversorgung mit Salzwasserfischen und Meeresgemüse beitragen.

Die Idee für *Aixponic* war einem der drei Gründungsmitglieder während einer Fernsehreportage zu Aquaponik-Systemen gekommen. Der Beitrag hatte verdeutlicht, dass Aquakulturen zwar essenzielle Probleme lösen können, dass dafür aber Defizite wie der hohe Wasserverbrauch und Mängel in der artgerechten Haltung beseitigt werden müssen. So begannen die drei Freunde, was zunächst ein Hobby war, und übten sechs Jahre lang mit einer Süßwasser-Aquaponik-Anlage. Mit der Motivation im Rücken, der Überfischung der Meere etwas entgegenzusetzen, wurde aus dem Hobby ein Unternehmen, das vom Süß- aufs Salzwasser umschwenkte. Seitdem betreibt *Aixponic* eine zirkuläre Lebensmittelproduktion etwa mit Doraden und Wolfsbarschen in Kombination mit dem »Indoor Farming« beispielsweise von Meeresspargel. Dabei setzt das Unternehmen auf »Platform Engineering« – den Betrieb einer digitalen Plattform für die Überwachung, Steuerung und Optimierung von »Ocean Farms« für die Seafood-Produktion in städtischen Ballungsgebieten, für effiziente Arbeitsschritte und für einen optimalen Einsatz von Ressourcen wie Energie, Wasser, Futter und Salz.

Das *Aixponic*-Unterfangen ist einzigartig, denn Aquaponik kommt bislang nur im Süßwasserbereich zur kommerziellen Anwendung – etwa mit Tilapia-Barsch und Basilikum oder Afrikanischem Wels und Tomaten. Doradenzucht und Meeresspargelanbau, beides »indoor« an Land und in Kreislaufkultur? Das ist neu. Und: Eine entsprechende Kleinanlage für die ganzjährige lokale Versorgung in Ballungsgebieten gibt es bislang nicht. Stattdessen werden Meerespflanzen importiert – saisonal von Kleinstbauern an den Küsten vor allem Israels und Mexikos angebaut. Die in einer Art Containeranlage untergebrachten Systeme von *Aixponic* bestehen aus Standardkomponenten, die technisch modifiziert, digitalisiert und miteinander verbunden werden. Neben den technischen Maßnahmen müssen die Unternehmer operative und hydrochemische Prozesse erarbeiten. Um die maximale Wertschöpfung zu erzielen, wird das fertige Gesamtsystem konstant Daten sammeln und analysieren und auf diese Weise die natürlichen Kreisläufe der Natur nachahmen: Die Ausscheidungen der Fische dienen als Nährstoffe für die Pflanzen, die wiederum das Wasser für die Fische säubern. Und wie schmeckt er nun, der »Seespargel« vom Land? Mein Gaumen sagt: »Meer davon« …

WOHER KOMMT DER PHOSPHOR?

Beim Blick auf den Boden war bereits aufgefallen, dass die Pflanzenwelt ohne zahlreiche Elemente wie etwa Phosphor nicht gedeihen kann. Auch wir Menschen brauchen es fürs Wachstum. In der Natur kommt das Element als Phosphatgestein vor – wovon es in Europa jedoch keine nennenswerten Vorkommen gibt. Unser Kontinent ist also von Importen abhängig. Bisher fließt Phosphor mit unseren Abwässern ins Meer, etwa in die Ostsee, und ist für uns verloren, verbraucht. So verhält es sich mit vielen essenziellen Stoffen, die wir nicht vor Augen haben – aber haben sollten. Immerhin: Es ist endlich Bewegung in die Sache gekommen, und die Gesetzgebung sieht vor, dass Phosphor bis 2030 in den Kläranlagen wieder zurückgewonnen wird. So lässt sich künftig der Kreislauf schließen. Aber was passiert mit den unermesslichen Phosphormengen, die bereits in die Meere gelangt sind?

In der Ostsee beispielsweise führt die »Anreicherung« von Nährstoffen in einem ursprünglich nährstoffarmen Gewässer zu massiven Problemen. Mehr als drei Viertel der Ostsee befinden sich mittlerweile in einem schlechten Zustand. Der

Stickstoff und der Phosphor sind genau dort angekommen, führen zu extremem Algenwachstum und dadurch wiederum zu Sauerstoff- und Lichtmangel in den tieferen Schichten. Auch die aus den Medien bekannte Blaualge vergiftet seitdem nicht nur unsere Urlaubsträume. Durch das Absterben und Absinken der Biomasse entstehen »sauerstofffreie Todeszonen« in der gesamten Ostsee. Was ist unser Impuls, nachdem wir das Problem erkannt haben? Wir konzentrieren uns darauf, eben möglichst nicht noch mehr schädliche Stoffe vom Land ins Meer zu befördern. Das ist löblich, wird aber nicht ausreichen, um das sprichwörtliche Umkippen der Ostsee zu verhindern. Die Vermeidung neuer »Einträge« beseitigt schließlich nicht die längst erzeugten.

Doch Rettung naht aus der Zukunft: Unternehmer Heinz etwa, den wir bereits auf unserem Kurztrip in den Sommer 2050 kennengelernt haben. Er wird die Ostsee vielleicht nicht im Alleingang vor dem Niedergang bewahren – aber mit Gleichgesinnten und einem Wissenschaftsnetzwerk, dem zum Beispiel Steffen Knodt angehört. Ich kenne ihn seit 30 Jahren – und heute als eine Art »Wasser-Mann«, der unermüdlich darauf aufmerksam macht, wie wichtig auch die Meere für uns Menschen sind. Am Beispiel des Phosphors, sagt Steffen, sehen wir auf eindrucksvolle Weise, dass wir nicht nur in unserer Umwelt an Land in den ganzheitlichen Kreisläufen der Natur denken müssen.

Der Verbund um Heinz und Steffen fokussiert sich indes auf die Algen – und darauf, wie man sie wieder aus dem Meer bekommt. Als Erntehelfer fungieren dabei zahlreiche Schiffe von Fischern, die immer weniger Arbeit in ihrer eigentlichen Funktion haben. Mit einer Zusatzkomponente werden die Schiffe zu Mähdreschern der Meere umgerüstet, um die »oberflächennahe Biomasse« – sprich: die Algenteppiche – abzuernten. Mithilfe von Satellitentechnik lässt sich exakt ermitteln, an welchen Orten die Maschinen sich zu welcher Zeit einfinden müssen. Künstliche Intelligenz unterstützt derweil die Ernteplanung. Buchstäblicher Mitnahmeeffekt: Da sich in den Algen enorme Mengen von Mikroplastik verfangen, wird die unsichtbare Gefahr gleich mit aus dem Wasser gefischt. Die Mähdrescheraufsätze müssen noch optimiert, die KI-Modelle trainiert und der Markt mit Blick auf biobasierte Produkte aus Algen noch ausdetailliert werden, erzählt Heinz. Inzwischen gibt es Ansätze für biologische Kunststoffe, sogar für biobasierte Solarzellen. Und ich frage mich: »Was ist in Zukunft mit ›Bio‹ und den Mechanismen der Natur wohl noch so alles möglich, was wir heute umständlich über lange Prozessketten herstellen und damit zu tief in die Ordnung der Natur eingreifen?«

Es wäre nicht das erste Mal, dass Wasser-, Sonnenenergie- und Messtechnik-Experte Heinz etwas Erfolgreiches ins Leben ruft. Mit Blick auf die Alge geht es ihm auch um die Bekämpfung von oxidativem Stress, der chronische Erkrankungen erzeugen kann. Aus Algen lässt sich ein äußerst wirksames Antioxidans gewinnen – ein viel stärkeres als beispielsweise aus Möhren mit ihrem Betacarotin. Algen können daher die Gewinnung aus Wildlachs und Krill ergänzen –

oder sogar ersetzen. Schüttelkolben und Glasröhren, Zentrifugen und Trockner: Zur Produktion ist ein mehrstufiger Prozess notwendig, mit dem die Algen kultiviert werden. Das Potenzial solcher Ideen ist enorm: Wir retten die See, schaffen Arbeitsplätze, gewinnen unser Phosphor zurück und verfügen über einen echten Exportschlager – denn das zugrunde liegende Problem haben nicht nur wir.

*

Die Fahrt im ICE geht weiter, und ich bekomme Hunger. Der Weg in den Speisewagen ist kurz. Ich setze mich zu einem jungen Paar an den Tisch. Auf der Speisekarte finde ich Meeresfrüchte, Obst und Gemüse. Im Kleingedruckten steht, dass alle Speisen die höchste Nachhaltigkeitsstufe erfüllen. Dies ist mittlerweile üblich und gängige Praxis, da fast alle Lebensmittel und das Essen, das in Restaurants angeboten wird, den Standards der Kreislaufwirtschaft und artgerechter Haltung entsprechen. Und es schmeckt vorzüglich.

Ich komme mit dem jungen Paar ins Gespräch und erfahre, dass die beiden für eine Biohof-Kette arbeiten, die in ein ganzes System lokaler Ökoinitiativen eingebettet ist. Eine Erfolgsgeschichte der letzten Jahre.

Auf meinem Smartphone lese ich kurz die Überschrift einer Podcastreihe, die über Siedlungen auf den Meeren berichtet. Neuer Lebensraum, der vollkommen auf Autarkie und Kreislaufwirtschaft setzt und die Ressourcen der Meere nutzt, ohne diese auszubeuten. Ich nehme mir vor, später da noch mal reinzuhören.

STRATEGIEN AUF DEM SCHACHFELD DER DATENKÖNIGE

SMARTE MASCHINEN: RETTUNG ODER UNTERGANG?

Ob Patricks Landwirtschaft für Boden-»GesunDung«, ob Marius' Insektenproteine zur Rettung der Regenwälder, ob Peters Salzwasser-Aquaponik zur Schonung der Meere, ob Heinz' Algenernte zur Säuberung der Ozeane: Mit durchdachten Konzepten zur Nutzung künstlicher Intelligenz lassen sich fatale Fahrlässigkeiten im Umgang mit der Natur in den Griff bekommen und Gleichgewichte wiederherstellen. Künstliche Intelligenz (KI) oder englisch Artificial Intelligence (AI) und maschinelles Lernen (ML) beschreiben technologische Hilfsmittel, mit denen wir in neue Dimensionen vorstoßen können. Schon heute finden sie sich in vielen Bereichen unseres Lebens wieder – teils ohne dass wir uns dessen bewusst sind. Sie bilden die Basis nicht nur des automatisierten Fahrens, sondern auch des gesamten »Internets der Dinge« als Voraussetzung für die »Industrie 4.0«.

Vielleicht ist es gerade der Begriff der (künstlichen) Intelligenz, der vielen von uns aber auch Sorge bereitet: Sollen Maschinen schlauer sein als Menschen? Ist das überhaupt erstrebenswert? Machen wir uns abhängig von Robotern und Algorithmen? KI, wenn überhaupt ein wirkliches Wort, ist für viele von uns zum Reizwort geworden. Andere dagegen sind begeistert von den neuen Möglichkeiten. Beim

Mittagessen erzählt Andreas, einer meiner wissenschaftlichen Mitarbeiter, über ein geplantes Gemeinschaftsprojekt mit Oliver, einem Professor aus Hamburg. »Einer der wenigen in Deutschland, die wirklich Ahnung von den Methoden hinter den Begriffen haben«, sagt Andreas. »Studierter Informatiker, aktiv in Industrie und Forschung, seit vielen Jahren im Themenbereich der ›Artificial Intelligence in Automation‹ zu Hause.« Seit 2019 ist er Professor für Informatik im Maschinenbau an der Helmut-Schmidt-Universität der Bundeswehr Hamburg. Seine Schwerpunkte sind also die künstliche Intelligenz und das maschinelle Lernen.

Wir organisieren einen Kennenlerntermin und einigen uns auf die grobe Mitte zwischen Aachen und Hamburg: Kurze Zeit später treffen wir uns in Münster. Unsere Teams sitzen beisammen und stellen sich gegenseitig vor, woran sie gerade arbeiten. Oliver sucht Anwendungen aus der Industrie – und Menschen, die KI-Prozesse gut genug verstehen, um ihm sagen zu können, welche Probleme tatsächlich existieren. Er sieht es also genau wie ich: Die Forschenden an unseren Universitäten sind exzellent darin, Probleme zu lösen, bloß hat die dazugehörige Frage im »realen Leben« niemand gestellt, weil dieses Problem dort niemand hat. Wir können Oliver reale Problemstellungen beschreiben, die aus der Industrie an mein Lehrstuhlteam herangetragen werden, und Oliver kann die richtigen Methoden auswählen. Für solche Konstellationen wurde wohl der Begriff der »Win-win-Situation« geprägt.

Künstliche Intelligenz, also: schön und gut! Aber woher kommt das alles eigentlich? Die Wurzeln der KI reichen bis in die 1950er-Jahre zurück, als Pioniere wie der britische Logiker und Mathematiker Alan Turing damit beginnen, Computer so zu programmieren, dass sie Aufgaben erledigen, die normalerweise menschliche Intelligenz erfordern – etwa Problemlösung oder Spracherkennung. 1997 erreicht die KI-Entwicklung einen Meilenstein. In einem zum »Kampf ›Mensch gegen Maschine‹« hochstilisierten Kräftemessen zwingt das IBM-Schachprogramm »Deep Blue« den damaligen Weltmeister Garri Kasparow in die königlichen Knie. Künstliche Intelligenz ist also ein Teilgebiet der Informatik – mit dem Ziel, Maschinen dazu zu befähigen, die Intelligenz des Menschen zu imitieren. Maschinelles Lernen ist dabei wiederum Teilgebiet auf dem breiten Feld der KI und umfasst lernfähige Systeme und Algorithmen, die Abläufe auf Basis von Wiederholung »verinnerlichen« und entsprechende Aufgaben anschließend selbstständig bearbeiten können. In der Folgezeit entwickelt sich die KI-Technologie im Eiltempo weiter. Vor allem seit der Einführung neuronaler Netze macht sie enorme Fortschritte. Diese Technologie erlaubt es Computern, in kurzer Zeit komplexe Muster in großen Datenmengen zu erkennen und darauf aufbauend Entscheidungen zu treffen oder Vorhersagen zu machen. Ein Unterfangen, für das Menschen – falls überhaupt möglich – eine halbe Ewigkeit brauchten.

Kein Wunder, dass maschinelles Lernen vielen Menschen Unbehagen bereitet: Man fühlt sich kognitiv schnell unterlegen. Computer sind plötzlich in der Lage, aus Erfahrung zu lernen und ihr »Verhalten« anzupassen, ohne dass ihr entsprechendes »Handeln« vorher explizit programmiert gewesen wäre. Bislang hatten wir kein Problem damit, die Überlegenheit von Maschinen als Gewinn für uns zu betrachten – wenn sie denn vor dem Bereich des Denkens haltmachen. Oder wer beschwert sich ernsthaft darüber, dass Kräne Lasten von A nach B hieven, die wir niemals stemmen könnten, oder sogar darüber, dass Taschenrechner in Sekundenschnelle ein Multiplikationsergebnis ausspucken, für das wir gerade weder Zeit noch Stift und Zettel zur Verfügung haben? Bis hierhin waren Maschinen für uns Werkzeuge wie Hammer und Schraubendreher. Was aber, wenn sie plötzlich nicht nur physisch stärker sind, sondern schneller »denken«, analysieren und daraus lernen können? Im ersten Fall können wir Maschinen handhaben – wir haben sie im Griff. Im zweiten Fall kommen sie uns gefühlt abhanden – sie entwickeln Eigen-»Leben«.

Maschinelles Lernen beginnt beim Zusammentragen von Trainingsdaten. Das kann so gut wie alles sein: einfache Bilder und Texte, aber auch komplexe Daten aus der Industrie. Maßgeblich ist, dass diese Daten Muster oder Beziehungen enthalten, die der Computer erkennen und aus denen er lernen kann. Sind die Daten einmal gesammelt, kommt der Algorithmus ins Spiel – im Grunde eine Reihe von Anweisungen, die dem Computer vermitteln, wie er aus den Daten lernen kann. Dabei funktioniert der Trainingsprozess beim maschinellen Lernen ähnlich wie der im menschlichen Gehirn: Wie unsere »Schaltzentrale« Neuronen und Synapsen nutzt, um Informationen zu verarbeiten und aus Erfahrungen zu lernen, verwenden ML-Modelle bestimmte Knoten und Gewichtungen, um Muster in Daten zu erkennen und daraus Schlüsse zu ziehen. Jeder Knoten im Modell des maschinellen Lernens entspricht einem Neuron des menschlichen Gehirns, während sich die Gewichtungen mit den Synapsen vergleichen lassen, die die Stärke der Verbindung zwischen den Neuronen bestimmen. Während des Trainingsprozesses werden diese Gewichtungen kontinuierlich angepasst – ähnlich, wie das menschliche Gehirn seine Synapsen stärkt oder schwächt, um bestimmte Reaktionen oder Verhaltensweisen zu erlernen und zu optimieren.

Nach erfolgreichem Training kann der ML-Algorithmus neue, ihm unbekannte Daten analysieren und darauf basierend Vorhersagen oder akute Entscheidungen treffen. Das macht maschinelles Lernen zu einem mächtigen Werkzeug in vielen Bereichen – von der medizinischen Diagnose über die Finanzanalyse bis hin zur Optimierung von Produktionsprozessen. Ein prominentes Beispiel für maschinelles Lernen ist das Programm »ChatGPT« des US-amerikanischen Softwareunternehmens *OpenAI*. Der Chatbot – also ein Roboter, mit dem Menschen chatten und sich in Form von Frage-Antwort-Sequenzen unterhalten können – basiert auf sogenannten Transformer-Modellen, die mit einer großen Menge von Textdaten trainiert wurden, um Sprache einerseits zu verstehen und andererseits selbst zu sprechen. »ChatGPT« ist in der Lage, auf Benutzereingaben zu antworten, indem es für jede Frage relevante Informationen aus seinem Training abruft. Das geht so weit, dass das Programm im Prinzip schon ganze Hausaufgaben erledigen, Aufsätze schreiben oder journalistische Beiträge verfassen kann. Das muss man nicht alles erstrebenswert finden – aber war die Welt deshalb automatisch eine bessere, als das alles noch nicht möglich gewesen ist?

»Das größte Risiko für unseren Wohlstand und unsere Zukunft ist doch der Glaube, dass früher alles besser war«, sagt KI-Experte Oliver. »Die Überzeugung, dass Technologie und wissenschaftlicher Fortschritt eine bessere Zukunft ermöglichen, ist grundlegend für die Aufklärung und war mitentscheidend für den Erfolg unseres rationalen Gesellschaftsmodells in den vergangenen Jahrhunderten.« Oliver und ich betrachten maschinelles Lernen und künstliche Intelligenz nicht als Bedrohung, sondern vielmehr als große Gelegenheit, wenn wir uns selbst in die Lage versetzen, diese Technologien für unsere Wirtschaft und Gesellschaft richtig zu nutzen. Rücken wir also die Chancen in den Vordergrund – ohne dabei zentrale Herausforderungen wie den Datenschutz und die Bewahrung der IT-Infrastruktur vor Hackerangriffen zu vernachlässigen. Denn das eine schließt das andere nicht aus.

DAS GROSSE KEINMALKEINS

Eines ist selbstverständlich: Nichts ist selbstverständlich. Zuverlässige Strom- und Gasversorgung, funktionierende Lieferketten, gefüllte Kaufhausregale: Häufig sind es Krisen wie die Coronapandemie oder der Krieg in der Ukraine, die uns mit schonungsloser Wahrheitswucht daran erinnern, wie komplex unsere Welt, wie fragil unser Wirtschaften ist. Wir haben uns über Jahrzehnte hinweg global vernetzt, und dieser weltweite Austausch bildet die Basis unseres Wirtschaftssystems. »Der Anteil des Exports am Bruttoinlandsprodukt aller Länder ist im Durchschnitt von 4,5 Prozent im Jahr 1840 auf mehr als 20 Prozent im Jahr 2014 angestiegen«, sagt Oliver. Angenehmer Nebeneffekt: Die Preise sinken. Eine Laserdiode verbilligte sich von 1982 bis 1994 etwa um das 71-Fache, und ein Schwarz-Weiß-Fernseher war 1968 schon viermal preiswerter als 1947. Soll heißen: Ein großer Teil der Menschen nutzt die Verfügbarkeit von Konsumgütern, Lebensmitteln und Medikamenten. Wir sollten alles daransetzen, dass auch diejenigen Länder und ihre Einwohner diesen Zugang erhalten, die ihn bisher gar nicht oder nur sehr eingeschränkt hatten.

Diese und andere Herausforderungen zu meistern, ohne unsere Lebensgrundlage weiter zu zerstören, ist mit »diffizil« noch sehr vorsichtig umschrieben – aber trotzdem machbar. Nur eben nicht mehr allein durch die direkten Fähigkeiten des Menschen. Anders als wir, kann künstliche Intelligenz dank permanenter und blitzschneller Auswertung von Daten am Puls komplexer, stark vernetzter und voneinander abhängiger Systeme bleiben und jederzeit schnell auf Probleme reagieren. Oliver bezeichnet das als »Informationen in Echtzeit verwerten«. Wir erhöhen indes noch ein wenig den Schwierigkeitsgrad, denn wir müssen bewirken und steuern, dass nach wie vor günstige, schnell verfügbare Waren künftig auch noch bei drastisch reduziertem Ressourcenverbrauch hergestellt werden und wir den Trend hin zu einer nachhaltigen Kreislaufwirtschaft überhaupt erst einmal in Gang gesetzt bekommen. Der massive Input, die vielen Zusammenhänge, die unterschiedlichen Ziele bei Medizin und Lebensmitteln, Verkehr und Energie, Produktion und Recycling: Was uns als Menschen sprichwörtlich über den Kopf wächst, kann KI mit Köpfchen bewältigen.

Maschinelles Lernen und künstliche Intelligenz verfügen also über ein enormes Potenzial für Effizienzsteigerungen und Innovationen in unterschiedlichen Sektoren – und damit auch über das Vermögen, traditionelle Branchen wie das Gesundheitswesen, die Finanzwelt und die Automobilindustrie grundlegend zu verändern. KI-Systeme können bei Diagnosen und Behandlungsplänen helfen, indem sie medizinische Daten analysieren und latente Muster erkennen, um das Gesundheitswesen dadurch deutlich günstiger zu machen. ML-Algorithmen tragen dazu bei, Marktanalysen zu verfeinern, Betrugsversuche aufzudecken und individuelle Finanzberatungen anzubieten. Und wenn wir schon dabei sind, setzen wir künstliche Intelligenz doch auch endlich dort ein, wo wir uns schon seit Jahrzehnten nicht von unseren eigenen Fesseln befreien können: in der Bürokratie. Schließlich können KI-Systeme enorme Mengen von Dokumenten effizient verarbeiten und entscheidende Informationen aus ihnen gewinnen, was sowohl die öffentliche Verwaltung als auch private Unternehmen erheblich effizienter machen und zu weniger Fehlern führen kann.

Oliver kennt und nennt konkrete Beispiele, wo das schon umgesetzt wird. Etwa bei der Optimierung der Energienetze im Projekt *CoupleIT* des Zentrums für Digitalisierungs- und Technologieforschung der Bundeswehr. »Wir alle kennen doch die Diskussion darüber, wie es uns gelingen kann, die Übergangszeit von fossiler zu erneuerbarer Energie zu koordinieren«, sagt der Informatikprofessor. Mithilfe von KI soll das Projekt *CoupleIT* nun Wind, Wasser, Sonne und Wasserstoff gemeinsam mit konventionellen Energieträgern zu einem intelligenten Verbund zusammenschalten, der nicht nur die Versorgungssicherheit gewährleistet, sondern direkt auch Faktoren wie Ressourcenverbrauch und Klimafreundlichkeit berücksichtigt. Als sei diese Aufgabe nicht schon schwierig genug, zieht das System auch ins Kalkül, dass Energie in Form von Wasserstoff zwischengespeichert werden muss und dass unter Berücksichtigung ökonomischer Randbedingungen auch »dynamische Nutzungsprofile« etwa durch Elektromobilität umzusetzen sind. Spätestens hier wird deutlich: Die immense Anzahl zu planender Verbraucher und Produzenten unter sich schnell ändernden Nutzungsbedingungen kann kein Mensch mehr manuell verwalten. Künstliche Intelligenz aber kann diese komplexen

Systeme betreuen, indem sie Prognosemodelle kennt und auf dieser Basis schnelle Lösungen findet.

Zwischendurch eine kurze Denkaufgabe, für die die menschliche Intelligenz ausreicht: Was haben ein Rasierapparat, ein Smartphone, womöglich auch eine Zahnbürste und ein Auto gemeinsam? Richtig: einen Akku. Immer mehr Gegenstände unseres alltäglichen Lebens werden von Batterien angetrieben. Erst recht und im größeren Stil, wenn sich die Elektromobilität durchsetzt. Das ist im selben Maße kein Problem, wie wir Batterien effizienter und nachhaltiger machen können. Am Anfang – bei der Entwicklung von Elektroden für Batteriezellen – finden zahlreiche Experimente statt, um das Optimum mit Blick auf Materialmix, Struktur und andere Aspekte herauszuarbeiten. Ein Prozess, der viel Zeit, viel Energie und viel Geld in Anspruch nimmt. Kann künstliche Intelligenz zu einer stark verkürzten Versuchsplanung beitragen? Ist die richtige Mixtur gefunden, geht es weiter zur Batterieproduktion – die bislang von hohen Ausschussraten geprägt ist, die auf mangelndes Wissen zu Ursachen und Wirkzusammenhängen in der Herstellung zurückgehen. Herkömmliche Analysemethoden stoßen bei der Ermittlung von Gründen für Qualitätsmängel allerdings an ihre Grenzen. Kann maschinelles Lernen für eine lückenlose Sammlung und Auswertung von Produktionsdaten helfen? KI kann und soll den Menschen nicht ersetzen, aber sie kann und wird bei der Einsparung von Zeit und Ressourcen unterstützen und dabei helfen, Innovationen deutlich schneller wahr werden zu lassen.

INNOVATION MAL ANDERS: GE(H)HILFE AUF DEM DEUTSCHEN WEG

Als Ingenieur weiß ich: Der »deutsche Weg« in Sachen Innovation ist inzwischen derart sicher gestaltet, dass er kaum noch zum Ziel führt. Wenn wir Deutschen etwas Neues tun, dann versuchen wir nach wie vor zuallererst, das entsprechende System robust zu machen – indem Expertinnen und Experten potenzielle Gefahren vorher beschreiben und das System so entwerfen, dass es mit diesen Fallstricken umgehen kann. Dieser traditionelle Ansatz der Ingenieurwissenschaften – und irgendwie auch unserer gesamten Gesellschaft – basiert auf einer Vorplanung von Situationen und auf intensivem Testen. Das mag sicher sein, führt aber mit Sicherheit auch dazu, dass wir einschläfernd langsam werden und unseren Spielraum stark einschränken. Mithilfe von KI können wir eine neue Richtung einschlagen, ohne unseren Sicherheitsanspruch auf der Strecke zu lassen.

Das liegt ganz einfach im Wesen der künstlichen Intelligenz begründet: KI-Systeme sind mitten im Betrieb anpassungsfähig und »selbstheilend«, das heißt, sie sind widerstandsfähig gegenüber Veränderungen, Fehlern und unvorhergesehenen Situationen. Zum Beispiel, wenn sie Fauxpas in der Laufzeit erkennen und sich selbst neu konfigurieren, um das Problem zu überwinden. Wir können hier also einen Paradigmenwechsel einleiten, ohne fahrlässig zu sein. Wir können anpassbare und widerstandsfähige Systeme konzipieren, die mit – Achtung, typisch deutsche Wortlänge – »Anomalieerkennungsalgorithmen« arbeiten, wie es neuronale

Netze tun, und die sich anbahnende Probleme wie Verschleiß frühzeitig erkennen. Diagnoseverfahren, die häufig auf Logikansätzen basieren, können Systemwissen nutzen, um Fehlerursachen zu erkennen. Und KI-Methoden sind dazu in der Lage, das System schnellstmöglich zu ändern, sodass Fehler keine kritischen Auswirkungen nach sich ziehen.

Auch wenn es im doppelten Sinne nicht sehr naheliegend erscheint: Besonders bedeutsam ist ein solches Vorgehen im Weltraum. Beim Projekt *(K)ISS* des Zentrums für Digitalisierungs- und Technologieforschung der Bundeswehr wird eine KI-Lösung für das Columbus-Modul der Internationalen Raumstation (ISS) erarbeitet. Fällt in dem ohnehin schon höchst komplexen Weltraumlabor ein Lebenserhaltungssystem aus, muss besser gestern als morgen eine Lösung her, die das Bodenpersonal jedoch nur ebenso schwierig wie langwierig erbringen kann. Denn: Das Team auf der Erde bekommt aus rund 20 000 Sensoren stammende Daten zu Ursache-Wirkungs-Zusammenhängen zugesendet, die erst einmal ausgewertet werden wollen. Mit *(K)ISS* wird ein Assistenzsystem zur schnellstmöglichen Problemlösung entwickelt.

VOM INTELLIGENTEN UMGANG MIT KÜNSTLICHER INTELLIGENZ

Kein euphorisches Assistenzsystem für südkoreanische Automobilhersteller, aber auch eine große Hilfestellung: *KI-AAA*, das von der Bundesregierung geförderte Forschungsprojekt »KI-Assistent zur Ausbildung in der Automation«. Der Hintergrund ist denkbar einfach – die Lösung ist es nicht: Automatisierung ist einer der Haupttreiber für technologische Fortschritte in der Produktion, die sich vor allem in der viel zitierten »Industrie 4.0« wiederfinden. Die Ausbildung entsprechender Automatisierungsfachleute ist jedoch eine echte Herausforderung, denn sie müssen über Know-how in Elektrotechnik, Informatik sowie Verfahrens- und Produktionstechnik verfügen. Vor allem, wenn große Trainingsgruppen geschult werden, ist es bisher kaum möglich, ihre Lernergebnisse individuell zu beurteilen. Ziel der neu entwickelten KI-Lösung ist deshalb eine Trainings- und Bildungs-Software, die angehende Automatisierungsfachkräfte durch personalisiertes und unmittelbares Feedback beim Lernen unterstützt.

Apropos Lernen: Europa verfügt über ausgezeichnete Talente, hervorragende Universitäten und starke Technologie-Ökosysteme im Bereich der künstlichen Intelligenz. Eine große Chance unseres Kontinents liegt darin, sich in etablierten Industriezweigen wie der Automobilproduktion oder dem Maschinen- und Anlagenbau mithilfe von KI neu zu erfinden, Produktionskosten zu senken und Produkte zu optimieren. So könnte aktuellen Berechnungen zufolge der

Einsatz künstlicher Intelligenz die Wirtschaftsleistung der EU bereits im Jahr 2030 um rund 2,7 Billionen Euro oder 20 Prozent steigern. Und Deutschland? Wir verfügen zwar noch über gut ausgebildetes Personal und ideenreiche Innovationen, aber gleichzeitig mangelt es an Start-up-Unternehmen der KI-Szene, die die vorhandenen Innovationen auch zur Marktreife bringen.

Wie die Zukunft mit künstlicher Intelligenz aussehen kann, können wir inzwischen erahnen. Doch wie sieht die Zukunft der künstlichen Intelligenz selbst aus? Unmittelbar ist KI mit einigen Hürden konfrontiert, die nicht allein technischer Natur sind, sondern sich auch aus den unterschiedlichen Regularien und der gesellschaftlichen Haltung gegenüber der Technologie ergeben. Unterdessen hat Europa im Bereich der KI-Regulierung eine führende Rolle eingenommen. Die umfassenden Vorschriften decken Aspekte wie Transparenz, den KI-Einsatz im öffentlichen Raum sowie Hochrisikosysteme ab. Diese strengen Anforderungen unterscheiden sich deutlich von Ansätzen in anderen Regionen der Welt, wie beispielsweise den USA, die einen eher sektoralen und selbstregulierenden Ansatz verfolgen. Diese regulatorischen Maßnahmen bilden sowohl eine Herausforderung als auch eine Chance für Unternehmen, da sie den Rahmen für eine verantwortungsvolle KI-Entwicklung setzen.

Eine Studie des *Oxford Internet Institute* zeigt, dass die öffentliche Wahrnehmung der Nutzung von KI im öffentlichen Leben in Ländern des globalen Westens und Nationen vor allem des asiatischen Raums durchaus verschieden ist. Im Westen sind die Menschen allgemein besorgter als im Osten. Diese regionalen Unterschiede in der öffentlichen Meinung sind wichtige Faktoren, die man berücksichtigen muss, wenn es um die Einführung und Regulierung von KI-Technologien geht. Trotzdem bietet die Entwicklung von künstlicher Intelligenz in Europa große Chancen. Allein in Deutschland rechnen Fachkreise mit einem Wertschöpfungspotenzial von 30 Milliarden Euro durch den Einsatz von KI im produzierenden Gewerbe. Das soll bis zum Jahr 2030 unter anderem zu einer durch künstliche Intelligenz getriebenen Steigerung des Bruttoinlandsprodukts um 11,3 Prozent führen. Alles in allem sieht Europa sich mit der Aufgabe konfrontiert, KI auf eine Weise zu entwickeln und einzusetzen, die mit den europäischen Werten und Standards vereinbar ist.

Sinnvoll angewendet, darf künstliche Intelligenz selbstverständlich nicht zu einem Abbau menschlicher Expertise führen. Auch und gerade wenn KI-Lösungen komplexe Systeme selbstständig verwalten, müssen Menschen die dahinterliegenden Lösungsprinzipien sowie die KI jederzeit selbst verstehen. Deshalb müssen wir die Bildung des Menschen als Ziel begreifen. Ohne diese Expertise und dieses Verständnis können vermeintliche Fachkräfte die notwendigen Handlungsoptionen nicht einschätzen, und ohne Handlungsoptionen gibt es weder menschliche Verantwortung noch menschliche (Handlungs-)Freiheit.

Auf der anderen Seite können insbesondere KI-Systeme Wissen allgemein verfügbar machen und den Lernprozess individualisieren. So können beispielsweise »Large Language Models« (LLMs) den Lernenden interaktiv Know-how vermitteln – freilich in Ergänzung zu klassischen Bildungsansätzen, denn das Erlernen des Lernens als solches und eine kritische Reflexion kann KI weder vermitteln noch ersetzen. In Zeiten einer immer schnelleren Innovationsgeschwindigkeit helfen LLMs, Wissen aktuell zu halten und Personen an neue Themen heranzuführen. Allerdings erfordert auch das ein gewisses Maß an Zeit – und ein tiefes Methodenwissen zum Umgang mit LLMs. Wichtig ist, dass diese Kompetenzen als gesellschaftliche Aufgabe betrachtet werden – und nicht etwa als »Privatprobleme«. Im Klartext: KI-Ansätze sind kein legitimer Vorwand dafür, Bildungsausgaben zu kürzen.

KI-kritische Stimmen wird es immer geben. Sie mahnen etwa die allgegenwärtigen Risiken an, die sich durch von KI-Systemen generierte »Fake News« ergeben. Gleichzeitig blenden sie aber das grundsätzliche Potenzial solcher Systeme aus, Fakten intensiv und dennoch schnell zu überprüfen. Unterdessen haben nur wenige Menschen die Zeit, umfangreiche Statistiken zu überprüfen, Dutzende von Studien durchzuarbeiten und sich umfassendes Hintergrundwissen anzueignen. Solche Aufgaben lassen sich mit LLMs massiv verkürzen. Aber auch hier gilt: Der Einsatz solcher KI-Software ersetzt keine menschliche Bildung, sondern stellt umgekehrt sogar noch höhere Anforderungen an das menschliche Wissen, weil er voraussetzt, dass die Menschen selbst Fakten als richtig oder falsch einstufen und zumindest verstehen müssen, welche Methoden es gibt, um Theorien zu überprüfen.

Der Wunsch nach einem »Zurück zu einfachen Systemen« ist Nostalgie, ignoriert die Bedarfe und Bedürfnisse eines Großteils der Bevölkerung und führt auch im internationalen Vergleich in eine gefährliche Sackgasse, sagt Oliver. Stattdessen brauchen wir die Wiederbelebung eines zentralen Gedankens: Wissen und Technologie bieten ein enormes Potenzial zur Verbesserung von Gesellschaft und Wirtschaft und führen bei immer mehr Menschen zu einem höheren Lebensstandard. Das setzt einen verantwortungsvollen Einsatz dieser Lösungen voraus. Die Entwicklung und die Anwendung von künstlicher Intelligenz muss sich an gesellschaftlich breit akzeptierten Zielen ausrichten und darf nicht allein von wirtschaftlichen oder kleinteiligen Überlegungen geprägt sein. Dafür muss die Mehrheit der Bevölkerung in die Lage versetzt werden, derartige technische Neuerungen zu verstehen und einen übergeordneten Sinn, einen persönlichen Mehrwert in ihnen zu erkennen. Nur so sind ein gesellschaftlicher Diskurs zum Einsatz der KI und demokratisch entstehende Richtlinien möglich.

Um es sinngemäß mit dem Gegenwartsphilosophen Richard David Precht zu sagen: Künstliche Intelligenz wird nicht »die Herrschaft« übernehmen – allein schon deshalb, weil die Menschen sich von KI weder an der Hotelrezeption noch im Krankenhaus »abfertigen« lassen möchten.

*

Wieder zurück an meinem reservierten ICE-Platz, werfe ich online einen Blick auf die Energie- und Wasserbilanz des Avantis-Gewerbeparks. Sämtliche Prozesse wie die Erzeugung, Speicherung und Verbrauch von Strom und Wärme sind optimal aufeinander abgestimmt und die Gebäude mittlerweile CO_2-positiv. Die Investitionen und die Steuerung über KI haben sich ausgezahlt. Die nächste Schlagzeile taucht auf meinem Bildschirm auf: »Die Produktivität in der Entwicklung von Produkten um 40 Prozent erhöht« .... Überall ist KI mittlerweile gegenwärtig und dient dem Wohle der Menschen. Die Befürchtungen, die es anfangs mit Blick auf die neue Technologie gab, haben sich nicht bewahrheitet, und die Vorteile sind überall präsent.

ALL-SEITS GUTE FAHRT!

Ich sitze im ICE nach Würzburg und bin gespannt auf den Besuch bei meinem Kollegen Klaus, Professor für Robotik und Telematik. Während ich mir die Zeit mit einer Tasse Kaffee und dem Blick aus dem Fenster vertreibe, erinnere ich mich an die Anbahnung unseres Kontakts, an das Telefonat mit Manfred Wittenstein. Der Unternehmer und einstige Präsident des Verbands Deutscher Maschinen- und Anlagenbau sprach mich auf die Fraunhofer-Einrichtung Forschungsfertigung Batteriezelle (FFB) in Münster an, die derzeit in mehreren Stufen entsteht und die ich mitleiten darf. »Herr Kampker, wir möchten uns mit Ihnen gerne mal zum Thema ›Forschungsfabrik‹ austauschen – für die Produktion von Satelliten.« Zu diesem Zeitpunkt entstand vor meinem inneren Auge ein Bild von massiven Orbit-Giganten, und ich konnte mir kaum vorstellen, wie Wittensteins Wunsch wahr werden könnte. Aber: Ich kenne ihn noch aus meinen *StreetScooter*-Zeiten, als sein Unternehmen den Elektromotor für das Fahrzeug entwickelt hatte, und so stimmte ich einem Treffen zu.

In Würzburg angekommen, lerne ich viel darüber, wie wir uns die Welt weit über unseren Köpfen für das Leben auf der Erde erschließen können. Kein Weltentraum im Weltraum, sondern All, gegenwärtig. Klaus Schilling nimmt mich mit in seine Werkstatt. Er zeigt mir, wie Satelliten »trainiert« werden und wie er sich die Serienproduktion der Orbit-Kreuzer vorstellt. In der Vergangenheit, erfahre ich, waren Satelliten tatsächlich äußerst große Einheiten, deren aufwendige Einzelproduktion schier unendliche Mengen Geld verschlangen. Mittlerweile aber geht es um die Serienproduktion kleinformatiger Trabanten, die in unterschiedlichen Höhen zum Einsatz kommen und eine in den Himmel projizierte Basis für sämtliche Daten und Informationen bis hin zur Kommunikation bilden. Bis zum Jahr 2030 sollen – vor allem von den USA ausgehend – 150 000 dieser Kleinsatelliten in den Orbit geschossen werden. Sie haben ein Gewicht von rund 500 Kilogramm und benötigen daher auch nur kleine Trägerraketen, um an ihr Ziel zu gelangen. Durch Unternehmenskonsortien und entsprechenden Pioniergeist dort hingebracht, können Satelliten künftig auch bei der Lösung von Problemen des Umwelt- und Katastrophenschutzes helfen. Dank eines Zusammenspiels von Satelliten und KI werden wir in Zukunft noch viel genauer wissen, was wann wo passiert.

Doch es ist sogar noch viel mehr möglich, denn die Raumfahrt wird uns den Zugang zu einem Ressourcenreichtum erschließen. Wie wir wissen, »warten« im Weltall riesige Mengen von Rohstoffen und Mineralien, die für uns lebenswichtig sind. Außerdem scheint dort immer die Sonne – ein Energielieferant gigantischen Ausmaßes. Vieles scheint mit heutiger Technologie noch unerreichbar. Aber wo standen wir bei der ersten Überquerung des Atlantiks? Wir befinden uns am Anfang eines großen neuen Kapitels der Menschheit, das wir bisher nur in Ansätzen begreifen können, aber in das zu investieren sich lohnt und das ganz oben auf unserer Agenda stehen muss.

*

Die Fahrt geht weiter, und ich telefoniere mal wieder mit Klaus. Dies funktioniert übrigens im Zug mittlerweile reibungslos, da eine neue Generation von Zugfenstern mit integrierten Drähten den Empfang massiv verbessert hat. Das Gespräch dreht sich um ein aktuelles Thema: Auch die Türen zum Weltall sind weit offen, und es gibt ernsthafte Pläne einer Besiedlung von Mond und Mars.

Ich nähere mich nun meinem Ziel. Ich möchte eine »farbige Siedlung« besichtigen, die ein Beispiel für zukünftiges Wohnen sein soll …

WO LEBEN STADT FINDET: BAUEN NACH FARBEN

Von Hoffnung, Glaube und Zuversicht abgesehen: Worauf gründen wir eigentlich unsere Zukunft? Es ist nie besonders schlau, auf Sand zu bauen. Auf und mit Beton aber auch nicht. Stattdessen würde es eine erhebliche Menge klimaschädlicher Emissionen vermeiden, Stahlbeton durch organische Baustoffe wie Holz oder Bambus zu ersetzen. Darüber hinaus würde sogar eine mächtige CO_2-Senke entstehen. Vor diesem Hintergrund hat eine Gruppe engagierter Menschen eine gemeinnützige GmbH mit dem Namen *Bauhaus der Erde* gegründet. Als Keimzelle einer globalen Bewegung ist es das Ziel der Initiative, die gebaute Umwelt nachhaltig zu transformieren. Ich erinnere mich gerne an die Anfangsphase zurück, an der ich teilhaben durfte.

Berlin, Bezirk Tempelhof-Schöneberg. Genauer gesagt: das 5,5 Hektar große Stadtquartier *EUREF-Campus,* das viele als Zukunftsort bezeichnen. Das kommt nicht von ungefähr, denn dort werden Technologien mitten im großstädtischen Treiben Berlins auf ihre Tauglichkeit hin erprobt. Ich begegne den unterschiedlichen *Bauhaus der Erde*-Protagonisten: vor allem Architekten, Forschern, Unternehmern, Künstlern. Der Ansatz der Initiative ist schnell erklärt: Die Gebäude und Städte der Zukunft sollen einen positiven Effekt auf den Planeten und deren Bewohner haben, weil wir unsere zukünftige Lebensweise als Kreislauf verstehen müssen. In der Vergangenheit haben wir überall – in der Landwirtschaft, in der Industrie und in den Städten – bestehende

Kreisläufe zerschlagen und lineare Systeme geschaffen. Unsere Städte entziehen dem Umland in massivem Maße Ressourcen, und durch die Verwendung von Beton und Stahl ist der Bausektor einer der größten CO_2-Emittenten.

Bleiben wir in Berlin: Eine Stadt dieser Größenordnung benötigt zu ihrer Versorgung eine Fläche, die fast 200-mal so groß ist wie sie selbst. Städte ziehen Menschen und Ressourcen in sich hinein – und spucken Abfall und Gifte in ihr Umland hinaus. Sie sind von Beton, Stahl, Zement und Glas geprägt – ihre Gebäude zu errichten ist extrem energieintensiv. Wird ein Bauwerk abgerissen, bleibt vor allem jede Menge Abfall – nur noch verschlimmert durch unsere heutige Art der Dämmung. Bis es so weit ist, beanspruchen ihre Nutzerinnen und Nutzer einen hohen Bedarf an Wärme und Energie. Weitere Merkmale unserer Metropolen wie auch unserer kleineren Städte: Die Artenvielfalt ist gering, Wasser und Abwasser sind zentral organisiert, und der stetig steigende Grad der Bodenversiegelung markiert einen massiven Eingriff in unsere Umwelt. Das auf diese Weise entstehende Mikroklima sorgt für enorme Temperaturunterschiede und eine immer lebensfeindlicher werdende Umgebung.

Wir brauchen einen Entwurf, der alles das ins Gegenteil verkehrt. Städte müssen Vorbilder in Sachen Naturkreisläufe sein, sich in die Umwelt integrieren. Weg vom Parasitendasein auf der Erde, hin zu einem integralen Bestandteil einer zirkular organisierten Welt. Das setzt voraus, dass der Stoff, aus dem die Städte sind, ein vollkommen anderer wird. Weg von Stahl und Beton, hin zu biobasierten Baustoffen. Die aus ihnen entstehenden Gebäude vereinen unterschiedliche Funktionen in sich und übernehmen damit ihren Part in den notwendigen Kreisläufen etwa von Energie und Wasser. Dabei bringt vor allem der Einsatz von Holz als wesentlichem Baustoff zwei zentrale Vorteile mit sich: Zum einen beendet er den massiven Kohlendioxidausstoß, der durch die Produktion von Beton entsteht, und zum anderen verwandelt er die Gebäude selbst zu CO_2-Langzeitspeichern.

Verändern wir gleichzeitig die Landwirtschaft, werden ausreichend Flächen für Wald und die Holzproduktion frei. Sämtliche Baustoffe müssen das Prozedere der Zulassung durchlaufen, vor allem, wenn sie in großen Gebäuden mit etlichen Stockwerken zum Einsatz kommen sollen, da alle biologischen Stoffe gewissen Schwankungen in ihren Eigenschaften unterliegen. Gerade in diesen Bereichen sind in den vergangenen Jahren enorme Fortschritte gemacht und auch große Gebäude in die Tat umgesetzt worden. *Bauhaus der Erde*-Initiator Professor Hans Joachim Schellnhuber spricht in diesem Zusammenhang von kyborganischen Gebäuden: Bauwerke, die organisch – wie Ökosysteme – mit entsprechenden Materialien errichtet und in denen mithilfe künstlicher Intelligenz selbstregulierende Systeme für Energie-, Wasser- und Sauerstoffversorgung geschaffen werden.

Wie sieht unser Bau-Plan für die Zukunft aus? Wir müssen nicht nur unsere Baustoffe neu definieren, sondern auch die

Art und Weise überdenken, wie wir unsere Gebäude nutzen und alltägliche Aspekte, fundamentale Funktionen dort integrieren können, um unsere Bauwerke von einem Fremdkörper zu einem integralen Bestandteil des Ökosystems Stadt werden zu lassen. Statt uns im Angesicht verpasster Chancen grün und blau zu ärgern, erschaffen wir doch lieber »blau-grüne Gebäude«! Gemäß ihrer Definition werden solche Bauten durch die *Ein*bindung und *Ver*bindung von Wasser und Pflanzen Teil des natürlichen Kreislaufs, indem blaue Elemente für effizientes Wassermanagement und grüne Elemente für eine verbesserte Biodiversität sorgen.

Mein persönlicher Bauwerke-Botschafter ist Rainer. Dass »blau-grüne Gebäude« einmal ein bedeutsames Thema in seinem Berufsleben sein würden, hätte er nie vermutet. Eine Ausbildung zum Bankkaufmann und ein Studium der Betriebswirtschaftslehre ließen einen Job in der Welt der Zahlen und des Managements erwarten. Während seines Studiums suchte er eine Beschäftigung als Werkstudent – und fand sie bei einem Aachener Unternehmen, das Produkte für die Regenwassernutzung herstellt. Rainers Einstieg in den blauen Teil des Themas war vollbracht. Nach zwei Jahrzehnte währender Beteiligung am Auf- und Ausbau des Unternehmens gründete er seinen eigenen Start-up-Betrieb: *Lagus* hat sich als Systemhersteller und Berater dem nachhaltigen Umgang mit Wasser für ebenso nachhaltige Gebäude und Quartiere verschrieben. Wie viele der Menschen, die meinen Weg kreuzen, suchte auch Rainer einen Sinn in seinem Handeln. Er fand ihn im verantwortungsvollen Umgang mit Wasser als Grundelement des Lebens. Diese Aufgabe mit einer Kreislauf-Denkweise zu verbinden motiviert ihn bis heute.

In welchem Umfeld möchten Menschen arbeiten und leben? Die Wissenschaft beweist, dass eine durch Pflanzen grüne Umgebung unser Wohlbefinden auf der einen und dadurch auch unsere Produktivität auf der anderen Seite steigert. »Biophilie eben«, sagt Rainer – ein Begriff, der die »Liebe zum Lebendigen« beschreibt und sich auch mit Gebäuden in Verbindung bringen lässt. Wie können wir in unseren Städten noch gut leben und arbeiten, wenn die Temperaturen steigen und das Niederschlagsverhalten sich ändert? »Jeder von uns weiß, wie es sich anfühlt, wenn Beton sich aufheizt: Wir werden geradezu ausgebrütet«, sagt Rainer. Zunehmende Hitze, Trockenzeiten und Starkregen können das Wohlbefinden der Menschen künftig einschränken oder sogar Leben gefährden. »Die Natur hat rund ums Wasser alles geregelt«, erklärt Rainer: »Der Regenwasserhaushalt eines unbebauten, naturbelassenen Grundstücks ist maximal klimaresilient.« Das bedeutet: Ein großer Teil des Wassers verdunstet und kühlt dabei. Die Grundwasservorräte werden über Regenwasserversickerung wieder aufgefüllt, und höchstens ein kleiner Teil fließt über die Oberfläche ab. Wird ein Grundstück aber bebaut und versiegelt, dann sinkt die Verdunstungs- und Versickerungsrate, der Oberflächenabfluss steigt stark an und führt im Extremfall zu den uns bekannten Hochwasserschäden. Rainers Lösung: Ein »blau-grünes Gebäude«, verbunden mit einer intelligenten, auf Regenvorhersagen basierenden Steuerung, sorgt auch nach der Grundstücksbebauung für einen natürlichen Regenwasserhaushalt.

Orte, Quartiere, Städte voller »blau-grüner Gebäude« also. »Blau« symbolisiert eine ökonomische Nutzung von Regen-, Trink-, Grund- und Grauwasser, wobei der Übergang fließend sein kann: Grundwasser, das sich in den porösen Schichten unter der Erde befindet, und das Grauwasser, das bereits verwendet, aber noch nicht mit Toilettenabwasser vermischt wurde, werden in das ganzheitliche System eingebunden. »Grün« steht für bepflanzte Dächer und Fassaden sowie »Urban Farming« im Sinne lokaler Lebensmittelproduktion und ähnliche Elemente an und in den Gebäuden. Ästhetik und Nutzen verbinden sich also mit Umweltschutz. Es ist längst erwiesen: Gründächer und Fassadenbegrünung tragen dazu bei, Biodiversität zu fördern und zu erhalten, indem sie wertvollen Lebensraum für Pflanzen, Tiere und Insekten schaffen. Wer hätte das gedacht? Eine Grünfassade mit einer Fläche von 850 Quadratmetern (das entspricht in etwa der Fläche eines Handballfeldes) bewirkt genauso viel wie 45 Klimaanlagen mit je drei Kilowattstunden, die acht Stunden lang laufen. Grüne Elemente bringen also eine beeindruckende Energieeffizienz mit sich – nicht nur bei der Kühlung im Sommer. Wer in begrünten Häusern wohnt, lebt angenehmer und braucht im Zweifel auch im Hochsommer keine Klimaanlage. Und im Winter ist es angenehm warm. Grünfassaden sorgen dafür, dass die Raumtemperatur relativ konstant bleibt.

Wird das Grauwasser aus Duschen etwa zur Beheizung des noch kühlen Trinkwassers genutzt, lassen sich auf diesem Wege bis zu 60 Prozent der Wärmeenergie zurückgewinnen. Dazu verläuft das Trinkwasser, das die Dusche versorgt, unterhalb des Bodens, wo das Grauwasser in den Abfluss gelangt, wobei die beiden Leitungen hygienisch voneinander getrennt sind. Eine derartige neue Anordnung ermöglicht es, die im Grauwasser vorhandene Wärme effizient zu nutzen, und trägt dazu bei, den Energieverbrauch in jeder Jahreszeit zu optimieren. Und was, wenn's kalt sein soll? Dann hilft »adiabate« Kühlung weiter – was einfach übersetzt so viel bedeutet wie »thermisch isoliert«. Dieses Verfahren nutzt die Verdunstung von Wasser, um die Umgebungstemperatur zu senken. Dafür eignet sich Regenwasser besonders gut, weil es nicht enthärtet werden muss und kein Abwasser erzeugt.

Solche Praktiken zur Nachhaltigkeit finden sich vor allem in Hotels, Bürogebäuden und Wohnkomplexen wieder. Dabei denke ich beispielsweise an das Projekt *Leipziger BlauGrün*. Ziel ist die Konzeption und Entwicklung eines »abflusslosen und ressourceneffizienten Quartiers«. Bei solchen Projekten geht es natürlich um den großen Wurf. Aber jede Dachbegrünung, jede Verwendung von Regenwasser zum Beispiel als Toilettenspülung, jeder nicht versiegelte Vorgarten ist ein Schritt hin auf dem Weg zu den angestrebten Zielen – unsere Lebenswirklichkeit ein Stück näher in Richtung Kreislauf zu bringen. In Bauwerken, die eine kontinuierliche Nutzung von Wasser und Energie im Blick haben, können die Einsparungen sowohl ökologisch als auch finanziell beträchtlich sein. In einer Welt, in der Ressourcenschonung und Umweltschutz endlich zu zentralen Aspekten geworden sind, können »blau-grüne Gebäude« den Weg zur Entwicklung nachhaltiger und zukunftsfähiger Städte weisen. Komplettiert werden solche Konzepte mit »Gelb« für die Energieerzeugung aus Solar und Wind, »Schwarz« für den Bau mit Holz oder anderen biologischen Baustoffen und »Rot« für die intelligente Steuerung der gesamten Haustechnik – damit sich die einzelnen Systeme effizient ergänzen. Ab zum Zeichenbrett, auf dem die Entwürfe für die Städte der Zukunft entstehen!

*

In Leipzig steige ich aus dem ICE aus und werde mit einem teilautonomen Shuttle abgeholt. Dies ist Teil eines Modellprojektes vor Ort. Das Neubaugebiet, zu dem ich mich fahren lasse, ist völlig auf Kreisläufe für Wasser, Lebensmittel und Energie ausgerichtet. Auch die Idee einer größtmöglichen Artenvielfalt innerhalb des Gebäudekomplexes wurde mit in die Gestaltung aufgenommen. Durch viel Grün, Verdunstungsflächen und die geschickte Auswahl von Baumaterialien sind die Temperaturen im Durchschnitt und im Vergleich mit anderen Städten lokal deutlich abgesunken. Kabel verbinden die Wohnhäuser, die öffentlichen Parkbuchten und automatisierten Parkhäuser. Geschickt wurden Solar- und kleine Windkraftanlagen in die Haustechnik integriert. Urban Farming ist fester Bestandteil im ganzen Viertel.

So viele Eindrücke kann ich von hier für die Entwicklungen in Aachen mitnehmen. Und es kommt noch besser, das merke ich abends: Der neue Stadtteil ist auch von einer aktiven kulturellen Szene geprägt. Ich lande bei meinem Rundgang durch die Straßen direkt vor einem Theater und schaue mir ein Stück an, bei dem die Zuschauer in den Ablauf eingebunden werden. Es geht um das Zusammenleben der Generationen … Wenn wir wollen, denke ich mir, geht es …

VERKEHRS-WESEN: WIE WIR UNS KÜNFTIG FORTBEWEGEN

Bei immer mehr Menschen wird es Zeit für eine Beförderung. Wer sich in der Stadt von A nach B bewegt, wird eher früher als später darauf kommen: Urbaner Verkehr wird immer mehr zur Herausforderung. Die Perspektive variiert dabei je nach individueller Fortbewegungsart – und ist schnell ein Gegen- statt ein Neben- oder Miteinander: Auto gegen Bus gegen Fahrrad gegen Fußgänger. Deutsche Städte und der Aufbau ihrer Verkehrssysteme sind bis dato äußerst stark am Auto orientiert. Vermeintlich neue Wege zielen darauf ab, dem Fahrrad mehr Raum zu geben. Breitere Fahrstreifen sind ein guter Anfang, aber nicht einmal im Ansatz die Lösung aller Probleme – obgleich es einen großen Gewinn bedeuten kann, wenn wir unseren Transportbedarf deutlich stärker auf Fahr- und Lastenräder verteilen. Genauso muss allerdings der öffentliche Nahverkehr massiv erweitert werden. Das ist nichts Neues – im Gegensatz zu einigen technologischen Ansätzen, die im Wortsinn neue Dimensionen erschließen und ein integriertes Konzept ermöglichen. Es geht darum, wie wir am besten von A nach B kommen – und dies möglichst effizient. Dabei gilt es, Komfort, Flexibilität, den möglichst geringen Einsatz von Ressourcen und die zeitliche Dauer gegeneinander abzuwägen. Damit es am Ende gut wird, müssen viele Faktoren und Lösungen aufeinander abgestimmt werden, wie zum Beispiel der Busfahrplan auf den Zugfahrplan oder die Anzahl von Park-and-ride-Plätzen mit den Kapazitäten der Buslinien.

Neben dem Personenverkehr ist immer häufiger auch der Warentransport ein landesweiter Logistikfaktor in unseren Städten. Schuhe von Zalando, Elektronik von Amazon, Getränke von Flaschenpost, Deko von Etsy: Seit Beginn des Jahrtausends steigt die Zahl der Onlineeinkäufe und damit auch die Frequenz der Zustelldienste massiv. Ein Trend, der sich zur Zeit der Coronapandemie noch einmal verstärkt hat. Im Jahr 2022 kletterte die weltweite Summe von Waren aus dem E-Commerce auf ein Rekordhoch von 2,66 Billionen Euro – wovon auf Deutschland allein 90 Milliarden Euro entfielen. Schon im Jahr 2025 soll das weltweite Onlinegeschäft um eine weitere Billion wachsen. Logisch, dass die Logistik zum Lackmustest wird. Aber auch zu einer Herausforderung, die unsere Innenstädte noch in einem anderen Punkt massiv betrifft: Auf der einen Seite florieren neue Geschäftsmodelle, Start-up-Unternehmen, Arbeitsplätze – auf der anderen Seite blühen uns zahlreiche Geschäftsschließungen im stationären Einzelhandel und damit auch der Verlust einer wichtigen Funktion unserer Stadtkerne: Menschen physisch zusammenzubringen.

Schon vor vielen Jahren hat die Schiene ihren Weg in die Stadt gefunden. Das allerdings mit hohem Aufwand für die Infrastruktur. Damit das System nicht entgleist, muss das Netz »grobmaschig« sein. Die Knoten- und Haltepunkte liegen also eher weit auseinander. Ein gutes Busnetz kann das ergänzen. Aus kommerziellen Gründen lässt sich im Durchschnitt allerdings ein Trend in Richtung längerer Taktungen erkennen. Wartezeiten, Umsteigen und die Bewältigung der »letzten Meile« tun ihr Übriges: Sie machen den öffentlichen Personennahverkehr zunehmend unbeliebter. Dabei liegt die Lösung genau im Gegenteil: Die Nutzung des ÖPNV muss steigen, da er die deutlich effizienteren Transportmittel bereitstellt. Deren Fahrpläne müssten daher enger getaktet und mit mehreren Haltepunkten versehen sein. Das ist jedoch entweder kaum finanzierbar, oder die Erhöhung der Kapazitäten wäre nur noch durch U-Bahn-Netze möglich, deren Auf- oder Ausbau aber aufgrund von Engpässen in der Planung und der Finanzierung schlichtweg unrealistisch ist. Das Problem: Im Verteilungskampf der Verkehrsflächen wird der Raum immer enger. Das Ergebnis: Mit dem Verkehr staut sich auch die Aggression.

GONDELN MIT BODENHAFTUNG UND PARKHÄUSER MIT INTELLIGENZ

Kai-Uwe Schröder ist da ganz entspannt. Netzverdichtung und Taktzeitverbesserung bei besetzter Fläche und unbezahlbarer »Metro-Ebene«? Kein Problem für seinen *upBUS*. Viel Gutes kommt bekanntlich von oben, und Kai-Uwe stammt aus der Luft- und Raumfahrt. Sein ebenso abgehobenes wie bodenständiges Konzept sieht vor, dass sich das Hybridvehikel mal als Seilbahngondel und mal als elektrischer Kleinbus fortbewegt – mit entsprechenden Übergängen. Dazu kann sich die Fahrgastkabine des *upBUS* je nach Streckenabschnitt mit einem fahrbaren Untersatz oder einer Seilbahnaufhängung koppeln. Die entsprechenden Schnittstellen bezeichnet Kai-Uwe als »Befähigungstechnologie«, die auf dem »intelligent Space System Interface« (iSSI) basiert. Das Besondere an dieser Innovation aus der Raumfahrt ist die »4-in-1-Funktion«, die mechanische Kräfte, Daten, Strom und Wärme übertragen kann – und zwar gleichzeitig in beliebiger Kombination.

Weder zum An- noch zum Abkoppeln muss die Seilbahn anhalten. Ein Kurzdistanz-Radarsystem fungiert als »Auge« des Vehikels, was einen geringen Aufwand für die digitale Signalverarbeitung mit sich bringt und echtzeitfähig sowie unabhängig von Nebel, Regen oder Schnee funktioniert. Das Fahrmodul ist elektrisch und fährt als Minibus vollkommen autonom. Die Steuerung für den Kopplungsvorgang und die Batterie sind im Fahrmodul vereint, sodass die bewährte Seilbahntechnik unverändert bleibt. In Vororten oder weiter verzweigten Stadtteilen kommt das Vehikel als Kleinbus mit dichtem Haltestellennetz zum Einsatz, und auf allen Routen mit hohem Verkehrsaufkommen oder statischen Hindernissen ist der *upBUS* als Seilbahn unterwegs. Auch von Vorteil: Ein Fahrer ist nicht notwendig und das Transportmittel rund um die Uhr in Betrieb – stetig und pünktlich.

Bleiben wir um der »guten« alten Zeiten willen noch einen Moment lang beim klassischen Auto: Können wir da ernsthaft noch von »Fahrzeugen« sprechen? Kämen »Standzeuge« der Wahrheit nicht deutlich näher? Im Durchschnitt fahren wir mit dem Auto pro Tag maximal eine Stunde – die restlichen 23 Stunden steht unser Gefährt(e) weitgehend sinnlos in der Garage oder im Freien herum und kostet neben einigem Geld auch sehr viel Platz. Im Sinne der Effizienz müssen wir neben der kargen Betriebsstunde auch die überwiegende »Auszeit« betrachten. Bringen wir deshalb eine neue Technologie in Verkehr: die Automation – zum einen für das generelle Fahren, zum anderen für das Abstellen in Parkhäusern.

Bis sich das autonome Fahren flächendeckend etabliert, wird es noch einige Zeit dauern – vor allem aufgrund des sogenannten Mischverkehrs, in dem Fahrzeuge mit einer durchschnittlichen Lebensdauer von rund zwei Jahrzehnten unterwegs sind. In »definierten Räumen«, beispielsweise auf einer 20 Kilometer langen Teststrecke vom Autobahnkreuz Meerbusch bis in ein Düsseldorfer Stadtviertel, laufen derzeit Pilotprojekte – etwa mit Kleinbussen, die an festgelegten Haltepunkten Station machen. Schwierig ist, dass es zahlreiche Hersteller autonomer Fahrsysteme gibt, sodass sich die Technik in einigen Aspekten voneinander unterscheidet. Die Folge ist ein geringer Standardisierungsgrad. Dennoch wird von Experten erwartet, dass bis zum Jahr 2050 Millionen Fahrzeuge mit *Autobahnpilot, Citypilot* bis hin zum *Tür-zu-Tür-Pilot* ausgestattet sind.

Erfolgversprechender, weil einfacher umzusetzen, ist autonomes Fahren, das sich auf ein definiertes Umfeld von Parkhäusern beschränkt und in der Automobilindustrie schon entwickelt wurde. Die zugrunde liegende Technologie ermöglicht das vollautomatisierte Abstellen mithilfe von im Parkhaus installierter »Hauptintelligenz«. In den Fahrzeugen selbst ist nur eine vergleichsweise minimale Sensorik notwendig, die hauptsächlich der Kommunikation dient. Eine attraktive Lösung, wenn man bedenkt, dass bis zu 35 Prozent des Innenstadtverkehrs allein der Parkplatzsuche dienen. Ist endlich eines dieser begehrten Fleckchen gefunden, nehmen die abgestellten Fahrzeuge gut zehn Prozent der gesamten Verkehrsfläche in Beschlag. Für eine Stadt wie Leipzig summiert sich das auf drei Quadratkilometer – oder um es mit der liebsten Vergleichszahl der Deutschen zu beschreiben: ganze 420 Fußballfelder.

Das eine Ziel ist also, Platz zu schaffen, indem die immer mehr werdenden Fahrzeuge vom Straßenrand wegkommen. Dafür »geht« es zuerst eigenhändig mit dem Auto nach Hause und von dort aus autonom ins nächstgelegene Parkhaus. Ziehen wir deren Flächenbedarf ab, sparen wir durch dezentrale, automatisierte Parkhäuser rund 80 Prozent der bisherigen Parkflächen. Die andere Absicht ist es, Zeit zu sparen. Immerhin verschwenden Autofahrer in Deutschland durchschnittlich 41 Stunden pro Jahr allein an die Parkplatzsuche – in Großstädten gar bis zu 65 Stunden. Bei einem durchschnittlichen Stundenlohn von 22 Euro kommt das in einer mittelgroßen Stadt wie Aachen einem dreistelligen Millionenverlust gleich. Damit lässt sich gut und gerne die für das autonome Parken notwendige Infrastruktur finanzieren.

ZUG-KRAFT: MIT DER ELEKTRO-ENTE DURCH DIE STADT

Lassen wir das Auto stehen und konzentrieren wir uns stattdessen auf ein anderes Transport-Wesen: eine Entenmutter mit ihrem Nachwuchs. Selbstverständlich im übertragenen Sinne. Dabei geht es um einen Routenzug, der ein Lasten-Pedelec auf unsichtbare Weise mit automatisierten »Anhängern« verbindet und die Innenstadtlogistik deutlich effizienter gestaltet. Wie das geht, weiß Kai, ein Maschinenbauer und Macher-Typ, den ich im Rahmen des *StreetScooter*-Projekts kennengelernt habe. Mit Blick auf das Elektrofahrzeug brauchte ich zunächst einen »Treiber« für das Thema des automatisierten Fahrens. Ich habe noch lebhaft vor Augen, wie wir dafür in der Nähe zum heutigen Gebäude meines Lehrstuhls auf 20 000 Quadratmetern ein kleines Verkehrsnetz als Testumgebung ins Leben riefen: mit Ampel,

Einbahnstraßen und anderem mehr. Parallel dazu bauten wir ein Team aus Ingenieuren und Softwareentwicklern auf.

Zwei Jahre später erblickte unser erster Demonstrator das sprichwörtliche Licht der Welt. Die Vorhaben »Automatisiertes Fahren eines StreetScooters« und »Fahren eines teleoperierten (also aus der Ferne überwachten, aber selbstständig fahrenden) StreetScooters« gehen auf, der Vorstand der Deutschen Post ist begeistert. Wie die eine Seite der Geschichte weitergeht, ist vielerorts bekannt: Aus dem mit der *DHL* und anderen Logistikunternehmen entwickelten »Herausforderungsfeld« entsteht die Idee eines kompakten Zustellungsfahrzeugs für die »letzte Meile«, das gleichzeitig auch noch auf der »mittleren Meile« vom Depot in den Zustellbezirk rentabel ist. Damals ist klar, dass das Konzept von Mikrodepots als kleine innerstädtische Zwischenlager für die Auslieferung von Waren auf der »letzten Meile« auf absehbare Zeit nicht wirtschaftlich umsetzbar ist.

Der andere Teil der Story ist der *Ducktrain* als Kombination aus einem Führungsfahrzeug und einer Gefolgschaft von bis zu fünf elektrischen Leichtfahrzeugen – ähnlich einem Entenzug –, die sich platzsparend in den Straßenverkehr der Innenstadt einfügen und mit Blick auf die Kosten pro Paket die großen Zustellfahrzeuge in den Schatten stellen. Wir durchlaufen kleine Machbarkeitsstudien – und gründen daraufhin das Unternehmen *DroidDrive*, um den *Ducktrain* zu industrialisieren. Mit eigenem elektrischen Antrieb und der Fähigkeit ausgestattet, sich mit weiteren »Ducks« zu Kolonnen zu verbinden, soll ein Mensch den Zug lenken. Langfristig ist geplant, dass ein solcher Zug komplett autonom fahren soll.

ALLER LASTER ANFANG? – NUTZFAHRZEUGE UND DIE CO_2-BILANZ

Verselbstständigt hat sich auch die Debatte darum, welche Antriebstechnologie für Autos und Lastwagen uns die Verkehrserlösung bringt. Was als lebhafte Diskussion noch Früchte getragen hätte, ist längst zu einem Glaubenskrieg geworden, der verbrannte Erde hinterlässt: auf der einen Seite die Batterie-Beschwörer, auf der anderen die Wasserstoff-Wächter, und mittendrin die Synthetik-Kraftstoff-Kämpfer, E-Fuels-Fanatiker. Wir werden allerdings bald sehen, dass wir nicht eine Technologie allein, sondern alle zusammen benötigen, und zwar in unterschiedlichen Kombinationen und Anwendungsbereichen. Doch blicken wir vorher auf den gesamten Rahmen, der die Szenerie umfasst. Am Beispiel schwerer Nutzfahrzeuge kann man sehen, dass ein gesunder Wettstreit Fortschritt fördert und die völlige Ablehnung des »anderen« das Vorankommen verlangsamt.

Beginnen wir beim Ursprung. Im Rahmen des Klimaschutzgesetzes aus dem Jahr 2020 hat die Bundesregierung zahlreiche Ziele zur CO_2-Reduzierung in den unterschiedlichen Sektoren für Deutschland ausgerufen. Für jeglichen Verkehr, der auf der Straße stattfindet, bedeutet das: Die CO_2-Emissionen sämtlicher Fahrzeuge werden bis 2030 stufenweise um 48 Prozent gegenüber dem Vergleichsjahr 1990 auf 85 Millionen Tonnen reduziert. Die seitdem vergangenen Jahre waren von Schwankungen der Verkehrsemissionen geprägt – mit einem geringfügigen Abwärtstrend. Bevor jedoch allzu großer Jubel über eventuelle Erkenntnisgewinne und eingeschlagene Erfolgswege ausbricht: Es ist die Konjunktur, die seit jeher starken Einfluss auf den Mobilitätssektor und den mit ihm verbundenen CO_2-Ausstoß nimmt. Das war schon während der Wirtschaftskrise 2008 erkennbar, und es hat sich in jüngster Vergangenheit während der Lockdowns infolge der COVID-19-Pandemie in aller Deutlichkeit gezeigt.

Nach einigermaßen gut parierter Pandemie wird inzwischen von führenden Forschern und Verbänden zwar tatsächlich eine deutliche Abnahme der Verkehrsemissionen vorausgesagt – allerdings entsprechen die prognostizierten Einsparungen bei Weitem nicht dem geforderten Maß. Also entsteht Jahr für Jahr immer noch ein Überschuss an CO_2-Emissionen, der sich bis 2030 zu einem Defizit – besser: einem »Zuviel« – von rund 270 Millionen Tonnen CO_2-Äquivalenten aufsummiert. Bedienen wir eine deutsche Gewohnheit und stellen wir die für uns so typische Frage: Wer ist schuld? Hauptverursacher der von den Straßen stammenden weltweiten CO_2-Emissionen ist mit rund 57 Prozent der Sektor der Nutzfahrzeuge. Wollen wir es in Klassen fassen und auf deutschen Straßen bleiben, sind die Fahrzeuge mit einem zulässigen Gesamtgewicht von weniger als 3,5 Tonnen (das sind die klassischen Lieferwagen und Transporter) für nur 20 Prozent der Verkehrsemissionen verantwortlich, die aus dem Nutzfahrzeugbereich stammen. 80 Prozent teilen sich auf die mittelschweren Klassen mit einem zulässigen Gesamtgewicht von 3,5 bis 12 Tonnen und von größer als 12 Tonnen auf.

Ihr Sinn und Zweck im nationalen und internationalen Verteilerverkehr bedingt es, dass auf die schweren Nutzfahrzeuge rund 40 Prozent aller absolvierten Straßenkilometer entfallen. Aufgrund von Faktoren wie dem Fahrzeuggewicht und der Emissionsklasse stoßen sie 66 Prozent des jährlichen Kohlendioxids aus. Jetzt wird es spannend: Wie viele Fahrzeuge sind das wohl insgesamt? Es sind sage und schreibe gerade einmal 400 000 Lkw – gegenüber rund 40 Millionen Autos, Pkw, die wir CO_2-neutral machen wollen.

Im Klartext: Ein Prozent steht für mehr als die Hälfte des Kohlendioxidausstoßes! Hinzu kommt, dass diese Fahrzeuge innerhalb von vier bis acht Jahren ausgetauscht werden. Es ist unschwer zu erkennen: Im schweren Nutzfahrzeug liegt ein erhebliches Potenzial zur Senkung von CO_2-Emissionen. Selbst wenn wir nur einen kleinen Teil der Lkw auf elektrische Antriebe umrüsten, leisten wir bereits einen erheblichen Beitrag zur CO_2-Reduzierung. Die Notwendigkeit wird noch einmal dadurch verstärkt, dass für die beiden Klassen mit weniger als 3,5 Tonnen und mit mehr als 12 Tonnen zulässigem Gesamtgewicht vorausgesagt wird, dass sie zukünftig immer mehr Kilometer machen werden.

Generell gilt: Wollen wir die lokalen Emissionen herunterfahren, müssen wir Konzepte mit verschiedenen Lösungsbausteinen hochfahren. Dabei kommt es auf das Zusammenspiel von Fahrzeug und Infrastruktur an: Zum einen müssen die Vehikel in die Lage versetzt werden, mit neuen Antriebstechnologien ihre bisherigen Reichweiten beizubehalten, zum anderen muss es mindestens europaweit genügend Gelegenheiten geben, die Fahrzeuge ähnlich komfortabel wie im Fall von Diesel und Benzin vollständig mit neuer Energie zu versorgen.

Die aktuell beste Chance auf lokale CO_2-Vermeidung im Verkehrssektor besteht darin, die Fahrzeuge zu »elektrifizieren« – genauer gesagt: ihren jeweiligen Antriebsstrang. Das funktioniert auf unterschiedlichen technologischen Wegen, vor allem mit Batterien, mit Brennstoffzellen, mit Oberleitungsstromabnehmern – sogenannten Pantografen – oder mit einer Kombination dieser Komponenten. Eine weitere Möglichkeit ist es, synthetische Kraftstoffe, E-Fuels, einzusetzen. Ihr umgangssprachlicher Name leitet sich daraus ab, dass sie mithilfe elektrischer Energie aus Wasser und Kohlenstoffdioxid hergestellt werden. Ein Vorteil ist, dass die bekannten Verbrennungsmotoren mit höchstens geringen Modifikationen weiterlaufen können. Beim Verbrennungsprozess wird allerdings CO_2 ausgestoßen, wodurch mit E-Fuels betriebene Fahrzeuge auch lokal nicht emissionsfrei sind. Eine weitere Möglichkeit besteht in der Verbrennung gasförmigen Wasserstoffs, die angepasste Motoren und Druckgasspeicher benötigt.

Im Nutzfahrzeugbereich liegt der Fokus derzeit auf Batterien und Brennstoffzellen, wie es auch den Ankündigungen der Fahrzeughersteller zu entnehmen ist. Brennstoffzellen-elektrische erzielen im Vergleich mit batterieelektrischen Fahrzeugen größere Reichweiten, weil Wasserstoff eine höhere Energiedichte bietet, als Akkus es tun. Das gilt allerdings nur für Langstreckenanwendungen, unter anderem, weil kleine Wasserstofftanks – relativ gesehen – ein höheres Eigengewicht haben als Batterien. Erfolgreiche Forschung gibt es aktuell auch zur Kombination von Batterie und Brennstoffzelle. In diesem Konzept stellt der Akku einerseits zusätzliche Leistung bereit und überbrückt die Reaktionszeit der Brennstoffzelle, andererseits dient er als langfristiger Pufferspeicher. So kann die Brennstoffzelle Energie bereitstellen, die in der Batterie zwischengespeichert und bei Bedarf durch die Elektromotoren umgesetzt wird. Durch den Elektromotor kann außerdem Bremsleistung in den Akku gelenkt werden. Das Zwischenspeichern von Energie ist bei Brennstoffzellenantrieben von besonderer Bedeutung, da der Wirkungsgrad von Brennstoffzellen mit steigendem Leistungsbedarf stetig sinkt. Umgekehrt gilt: Kann die Brennstoffzelle von einem möglichst gleichbleibenden Betrieb ohne starke Leistungsschwankungen profitieren, wird die Batterie stärker belastet.

Mit Ausnahme der E-Fuels benötigen die neuen Technologien auch neue Tankstellen und Ladesäulen, für die das heute existierende Netz nur sehr eingeschränkt infrage kommt. Um die Infrastruktur auch im Wortsinn auf den Weg zu bringen, dürften in Deutschland in der Zeit bis 2030 insgesamt rund 50 Milliarden Euro anfallen, wovon der größte Anteil in Wasserstofftankstellen fließen müsste. Das klingt womöglich nach einer astronomischen Summe, ist aber angesichts dessen, was wir als Staat ausgeben müssten, wenn wir es mit den Folgen eines fortschreitenden Klimawandels zu tun haben (Flutkatastrophen, Erdrutsche), ein durchaus überschaubarer Betrag. Die derzeitige deutsche Devise ist es, sämtliche Autos so schnell wie möglich auf reine Batterieelektrik umzustellen, während ein paar sprichwörtliche Gallier sich noch für den Wasserstoff starkmachen. Die Wahrheit ist: Alle Technologien haben ihre spezifischen Vor- und Nachteile, die zu unterschiedlichen Anwendungen führen können.

Was können wir aus diesen grundlegenden Einblicken bereits lernen? Wenn wir schnell und effizient die negativen Auswirkungen des Verkehrs auf unsere Umwelt verringern wollen, dann … müssen wir schnell etwas tun, damit die Schwerlaster unsere Umwelt nicht länger schädigen. Dazu müssen wir die unterschiedlichen Technologien parallel nutzen: bestehende Lkw mit synthetischen Kraftstoffen versorgen, neue Lastwagen für den Lieferverkehr und den Einsatz zwischen den Städten rein batterieelektrisch betreiben, Langstrecken mit Wasserstoff bewältigen. Eine Strategie, die China übrigens mit Blick auf den gesamten eigenen Verkehr bereits massiv vorantreibt, mit zielführendem Pragmatismus. Leichtes Auto und kurze Strecken? Batterie. Schweres Gefährt und weite Wege? Wasserstoff. Massives Transportmittel wie Schiff und Flugzeug? Synthetischer Kraftstoff. Zumindest kurz- und mittelfristig ist das der sinnvollste Ansatz mit dem größten Nutzen für Ökologie und Ökonomie.

AUF ACHSE: ANHÄNGER DER VERKEHRSWENDE

Machen wir in Sachen »Lkw« noch einen kurzen Umweg und fahren wir ein Stückchen zurück – ins Jahr 2018. Abdullah Jaber ist auf der Suche nach Partnern für die Entwicklung einer vielversprechenden Erfindung: den *eTrailer,* ein Lkw-Anhänger, der auf langen Strecken massiv Energie einsparen kann. Abdullah hat das Unternehmen *Trailer Dynamics* gegründet und will sich nun mit Gleichgesinnten im Bereich der Forschung und Entwicklung zusammenschließen, um idealerweise im Umfeld der *RWTH Aachen* einen Nährboden für technologische Innovationen zu schaffen. Meine Erfahrungen im Bereich der Elektromobilität, im *StreetScooter*-Projekt und die Tatsache, dass ich einige Start-up-Unternehmen begleitet habe, führen uns schließlich zusammen.

Zu diesem Zeitpunkt wissen wir beide: Traditionelle Sattelzugmaschinen, die mit Batterien angetrieben werden, stoßen an zwei wesentliche Grenzen – eine geringe volumetrische und gravimetrische Energiedichte. Einfach ausgedrückt heißt das: Verglichen mit fossilen Brennstoffen, können Batterien bei gleichem Gewicht und Volumen deutlich weniger Energie speichern. Für Langstrecken von 600 bis 800 Kilometern wären das Volumen und das Gewicht der notwendigen Batterien so groß und so schwer, dass sie sich mit heutigen Technologien nicht mehr effizient in eine Sattelzugmaschine integrieren ließen. Der *eTrailer* kann dem entgegenwirken – indem er die Batteriekapazität auf die Sattelzugmaschine und den Anhänger aufteilt. Das ermöglicht es, die Kapazität zu erhöhen, ohne das einzelne

Fahrzeugteil unverhältnismäßig zu belasten. Dadurch lässt sich die für Langstreckentransporte notwendige Energiemenge erzeugen, ohne die Nutzlastkapazität des Lkw zu verringern oder seine Manövrierfähigkeit einzuschränken.

Damit sind wir bei einem Thema angelangt, das zu den zentralen Herausforderungen im Bereich der E-Mobilität zählt: die Effizienz vor allem von Nutzfahrzeugen zu steigern, ohne dabei ihre Funktionalität zu beeinträchtigen. Bei einem voll beladenen 40-Tonnen-Sattelzug verteilen sich die Fahrwiderstände ungefähr zu 40 Prozent auf das Zugfahrzeug und zu 60 Prozent auf den Anhänger, den Trailer. Dieses Verhältnis ist entscheidend, weil es eine strategische Aufteilung der Batteriespeicher auf beide Fahrzeugteile nahelegt. Durch das Beladen des Trailers mit einem Teil der Batterien lässt sich die Nutzlastkapazität nahezu bewahren. An dieser Stelle kommt die Kombination von Diesel-Lkw und *eTrailer* zum Zug – als eine besonders effektive Zwischenlösung für die allgegenwärtige Aufgabe der Dekarbonisierung im Schwerlastverkehr: weg von fossilen Brennstoffen, hin zu alternativen Techniken. Mit rund zwei Millionen Dieselsattelzugmaschinen allein in der EU, von denen viele kurz- bis mittelfristig keine elektrische Alternative haben werden, kann der *eTrailer* die CO_2-Emissionen dieser Fahrzeuge deutlich senken, indem er den Kraftstoffverbrauch in vielen Fällen um weit mehr als 40 Prozent vermindert, wenn der für den *eTrailer* erforderliche Strom aus nachhaltigen Energiequellen bezogen wird. Auch auf der Habenseite: eine spürbare Reduktion der Betriebskosten.

Insbesondere in der aktuellen Übergangsphase sind solche Effizienzsteigerungen von enormer Bedeutung, da es eine flächendeckende öffentliche Lade-Infrastruktur für elektrische Nutzfahrzeuge noch nicht gibt und die meisten Spediteure noch keine Erfahrungen mit E-Trucks im Langstreckenbetrieb haben. Der *eTrailer* verwandelt vorhandene Diesel-Lkw in deutlich umweltfreundlichere Transportmittel, ohne dass sofort eine neue Lade-Infrastruktur oder eine neue Flotte von Elektrofahrzeugen erforderlich ist. Ich bin begeistert von Abdullahs Innovation, und die Einführung des *e-Trailers* wird zum Pionierprojekt.

Als Erstes mussten wir uns mit den gesetzlichen Rahmenbedingungen beschäftigen, damit die technologische Neuerung an den Start gehen konnte. Die Bedingungen für die Zulassung waren bis dato nicht auf angetriebene Anhänger ausgelegt. Also machte Abdullah sich daran, die Regulierungsbehörden von den Vorteilen des *eTrailers* zu überzeugen, nachdem er und sein Team eine elektrische Achse nebst zweckmäßiger Sensorik und einem Sicherheitskonzept entwickelt hatten. Das Sicherheitskonzept ist sowohl auf die Zugmaschine als auch auf den helfenden (weil angetriebenen) Anhänger abgestimmt, damit zum Beispiel nicht die Zugmaschine bremst und der Anhänger weiterfahren will.

Am Ende haben wir gemeinsam gezeigt, wozu das Ingenieurswesen in der Lage ist: mit technischem Know-how und Erfindergeist eine Neuerung auf den Weg zu bringen, für die es wert ist, die gesetzlichen Rahmenbedingungen zu verändern. »Wenn es niemanden gibt, der solche Themen voranbringt und einfach mal umsetzt, dann werden wir noch in 20 Jahren nur darüber reden und keinen Schritt weiterkommen«, sagt Abdullah. »Ich möchte einen Blick in die Zukunft werfen, der von Optimismus geprägt ist – trotz globaler Herausforderungen wie der Überbeanspruchung unserer natürlichen Ressourcen und erschöpfter Ökosysteme.«

ÜBERWIEGEND UNTERIRDISCH: WENN LOGISTIK IN DIE RÖHRE SCHAUT

Königswege gibt es viele – zumindest auf dem sprichwörtlichen Treck nach Rom. So, wie wir den Verkehr in die Lüfte heben, können wir Teile unserer Logistik auch unter die Erde bringen. Ein umfangreicher Auf- und Ausbau von U-Bahn-Netzen ist zwar unrealistisch, aber es gibt andere Optionen – womöglich in Verbindung mit bereits bestehender Infrastruktur. So könnten wir beispielsweise während der Sanierung maroder Kanalsysteme auch Teile unseres Warentransports unter die Oberfläche verlagern – etwa in Form von unterirdischen Rohrleitungssystemen.

Die Idee ist alles andere als neu: Derartige Transportsysteme existieren bereits seit einiger Zeit, unter anderem für Container und Paletten. Die Konzepte unterscheiden sich mit Blick auf den Rohrleitungsdurchmesser, die Verpackung und die äußeren Abmessungen der Waren sowie die durchschnittliche Transportgeschwindigkeit. Von 1,50 Metern bis hin zu 8 Metern für Container ist alles schon da gewesen. Zum ersten Mal kam ein solches Konzept in Englands

SEILBAHN

LANDWIRTSCHAFT

HÄUSER

SCHNELLE ZUGVERBINDUNG

SEILBAHN

LADESÄULEN DER ZUKUNFT

RENAISSANCE DER CITY-ROHRPOST

LANDWIRTSCHAFT

Hauptstadt im Jahr 1853 zwischen den Büros der *Electric and International Telegraph Company* und der 205 Meter entfernten Londoner Börse zum Einsatz. Das einst kleine Rohrpostsystem war knapp ein halbes Jahrhundert später auf eine Länge von mehr als 64 Kilometern gewachsen. Nahezu überall auf der Welt – aber unter der Erde – kamen ähnliche Ideen zur Anwendung.

Schon 1876 wurde in Berlin Deutschlands erstes nennenswertes Rohrpostsystem der allgemeinen Öffentlichkeit zugänglich gemacht. Zu Beginn der 1940er-Jahre erreichte das auf Drucklufttechnik basierende und bis 1963 betriebene Netz mit fast 400 Kilometern Streckenlänge seine größte Ausdehnung und beförderte rund acht Millionen Sendungen pro Jahr. In den meisten Fällen dienten solche Anlagen der Beförderung von Telegrammen und anderen Nachrichten, die schnell an ihren Zielort gelangen mussten. In der Nachkriegszeit entstanden viele neue Gütertransportsysteme auf der ganzen Welt. Solche Anlagen mit hoher Kapazität wurden beispielsweise in den USA, in Russland und in Japan gebaut, um Materialien wie Gestein, Zement, Sand und Abfall zu befördern.

Heute, da logistische Probleme in städtischen Ballungsräumen immer mehr zunehmen, gibt es wieder Planungen und neue technische Entwicklungen, mit denen sich unterirdische Transportsysteme für Fracht und inzwischen sogar Passagiere realisieren lassen. Ein Beispiel dafür kommt aus der Ruhr-Universität Bochum. Das *CargoCap*-System wurde bereits 2002 konzipiert. Es ist für den Gütertransport in unterirdischen Rohrleitungen mit einem Durchmesser von zwei Metern geeignet. Die »Caps« genannten Transportvehikel wurden als automatisierte, elektrisch betriebene Fahrzeuge entworfen. Forschung und Entwicklung waren weit vorangeschritten, aber wie bei einigen solcher Ideen steht der Transfer in die Praxis immer noch aus.

Unterdessen mischt auch Tesla-Chef Elon Musk in diesem Bereich mit: Seine Idee heißt *Hyperloop*. Er hat sie als »Open Source«-Design veröffentlicht, und es geht ihm darum, Menschen zu befördern. Vakuumtunnel sollen es ermöglichen, dass sie große Entfernungen in sehr kurzer Zeit zurücklegen können. Das Vakuum führt dazu, dass es keine Reibung und damit auch keine Verluste mehr gibt. Während der Konzeption wurde auch darauf geachtet, dass die Preise im Wettbewerbsvergleich passen, und öffentlich die Kreativität der Menschen angesprochen. Bald entwickelten sich daraus weitere Unternehmen und interdisziplinäre, von Studierenden geführte Teams, etwa der *TUM Hyperloop*. Die Entwicklungsphasen gehen weiter, während Unternehmen wie *Virgin Hyperloop* im Jahr 2020 die ersten Tests mit menschlicher Besatzung vorgenommen haben.

Bereits 2017 hatte sich das Unternehmen *Magway* im Bereich der Transportlogistik gegründet. Die Geschäftsidee: ein System zur Paketzustellung zwischen Verteilzentren und Konsolidierungszentren in sogenannten Pods, die mithilfe elektromagnetischer Wellen rund 50 Stundenkilometer schnell fahren können. Im Vereinigten Königreich testet das private Entwicklungsunternehmen *Mole Solutions* sein Fracht-Pipeline-Konzept für den Transport von Paletten aus dem Einzelhandel. In der Schweiz wurde außerdem das Projekt *Cargo sous terrain* ins Leben gerufen, das nicht nur innerhalb der Stadt, sondern auch zwischen den Städten den Verkehr unter die Erde bringen möchte: In 30 Meter Tiefe soll ein automatisiertes System entstehen, das schon im Jahr 2031 zwischen Zürich und Härkingen an den Start gehen und bis 2045 auf einen Umfang von 500 Kilometern wachsen soll. Eines der Ziele: den Lkw-Verkehr in der gesamten Schweiz um gut 20 Prozent zu reduzieren. Die automatisierten Fahrzeuge sollen über einen elektrischen Antrieb verfügen und sich mit einer konstanten Geschwindigkeit von 30 Stundenkilometern fortbewegen. Vielleicht nicht im Rekordtempo – aber es bewegt sich etwas!

Bevor ich Leipzig wieder verlasse, spreche ich mit den lokalen Vertretern über die Verkehrswende und die Möglichkeiten, die sich durch die neuen Technologien ergeben. Die Zahlen sprechen für sich. Insbesondere der Schwerlastverkehr ist zum Vorzeigebereich geworden. Wasserstoff- und Batterietechnologien sind weit vorangekommen. Anwendungen für besonders schweres Gerät, Schiffe und Flugzeuge, die synthetische Kraftstoffe nutzen, sind auf einem guten Weg. Wer hätte es gedacht: Wir haben gar nicht alle Probleme lösen müssen, die man vor einigen Jahren gesehen hatte – denn vieles ist in der Realität nicht oder nur abgeschwächt eingetreten.

GUT FÜR DEN KREISLAUF: BEISPIEL BATTERIE-RECYCLING

Wer sagt eigentlich, dass es etwas Schlechtes ist, sich im Kreis zu drehen? Es ist gut und gerne zwei Jahre her, als mich ein gemeinsamer Bekannter anrief und mir von Lilian erzählte. An einem befreundeten Institut »groß geworden«, hat sie einen Prozess entwickelt, der sozusagen aus einer Linie einen Kreis machen kann – ein effizientes Verfahren zum Recycling von Batterien. Gemeinsam mit ihrem Mann hat sie auch schon das passende Start-up-Unternehmen gegründet und Gelder eingesammelt. Ich treffe mich mit Lilian, ihrem Mann Gideon und deren Mitstreiter Paul in einem schlichten Raum des Instituts. Die drei begeistern sich für ihr Ziel, Batterien kommerziell nachhaltiger zu machen und damit Arbeitsplätze zu schaffen. Die Chemie stimmt – auch im Wortsinn. Von diesem Zeitpunkt an darf ich das energiegeladene Team begleiten. Damit wir verstehen, auf welch neuen Pfaden das junge Unternehmen eigentlich wandelt, widmen wir uns zuerst der Frage, wie die Rahmenbedingungen aussehen.

Wir sprechen hier von einer runden Sache: Batterien enthalten zahlreiche Wertstoffe – so wie viele andere Industriegüter auch, für die unsere folgenden Betrachtungen beispielhaft stehen. Natalia weiß genau, worum es sich dreht. Sie leitet an meinem Lehrstuhl die Forschungsgruppe »Circular Economy & Materials«. Wir kennen die junge

Frau schon von unserer Fahrt nach Bonlanden – und sie kennt den Wertschöpfungskreislauf von Elektrofahrzeugbatterien, der sich in mehrere Teilschritte gliedert: die Herstellung der Akkus, die Integration ins Fahrzeug, die Nutzung, die Sammlung und Lagerung, der mögliche Einsatz in weiterführenden Anwendungen – auch »Second Life« genannt – und das abschließende Recycling der Batterien im sogenannten »End of Life«-Status.

Die wachsende Bedeutung von Elektroautos führt zu einem enormen Bedarfsanstieg von Lithium-Ionen-Batterien für den Fahrzeugantrieb. Die sogenannte Elektrifizierung des Verkehrs in Deutschland spiegelt sich in der zunehmenden Zahl entsprechender Fahrzeuge wider: Von geschätzten 1,5 Millionen E-Fahrzeugen am Ende des Jahres 2024 soll die Zahl auf 7–8 Millionen im Jahr 2030 und weiter auf rund 12 Millionen im Jahr 2040 steigen. Diese relativ rapide Zunahme der im Umlauf befindlichen Elektrofahrzeuge unterstreicht die Dringlichkeit, effiziente und innovative Recyclingverfahren in Deutschland umzusetzen. Weil es die Verbreitung von Elektrofahrzeugen nicht ist, sind auch die Rücklaufmengen von Antriebsbatterien nach deren Nutzung nicht gleichmäßig über ganz Deutschland hinweg verteilt. Beides konzentriert sich auf Großstädte, und es existiert ein deutlicher Unterschied zwischen dem Osten und dem Westen der Republik, wobei in Ostdeutschland weniger Elektrofahrzeuge unterwegs sind.

RUNDE SACHE: AKKURATER ZIRKELSCHLUSS

Nehmen wir die Prozesse für ein besseres Verständnis der Kreislaufwirtschaft sämtlicher Industriegüter etwas genauer unter die Lupe. Der Rundlauf der Batterie beginnt, wenn die Rohstoffe gewonnen und die Komponenten der Batterie hergestellt werden. Dann wird das Gesamtsystem produziert und ins Fahrzeug verbaut. Da Batteriesysteme in Elektroautos aus mehreren Gründen – Garantiefälle, Abnutzung, technische Probleme oder Unfallszenarien – vorübergehend oder endgültig ausfallen können, bedarf es zentraler Stellen für ihre Sammlung und Lagerung. Außerdem braucht es blaupausenartige Strategien und Konzepte, die regeln, wie die angehäuften Antriebsbatterien schließlich optimal in die für sie geeigneten Verwendungskanäle gelangen.

Für eine effiziente Batteriekreislaufwirtschaft ist es sinnvoll, ein Batteriesystem – soweit möglich – in die ursprünglich vorgesehene Anwendung im Elektrofahrzeug zurückzubringen. Also kein »Recycling« durch Verbrennen oder eine Verwendung für weniger anspruchsvolle Aufgaben, sondern eine qualitativ gleiche Nutzung und damit ein echter Kreislauf. Zumeist können das Werkstätten durch eine Reparatur des Systems bewirken. Ist ein Batteriesystem allerdings nicht mehr wirtschaftlich wieder- oder weiterverwendbar, so steht der Akku an seinem sprichwörtlichen Lebensende, sodass es für die »End of Life«-Batterie keinen anderen Weg mehr gibt als den zum Recycling. Dort lässt sich schließlich der größte Anteil der hochwertigen Materialien zurückgewinnen und nach einem Aufbereitungsprozess wieder in der Produktion von Batteriekomponenten und -systemen einsetzen. Und dann? Beginnt alles wieder von vorne.

ANTEIL-NAME: DIE BATTERIEVERORDNUNG REGELT DAS

Was wird uns in Deutschland und Europa gerne nachgesagt? Richtig: Wir bekommen nicht alles hin – aber alles geregelt. Dementsprechend hat die 2023 von der Europäischen Kommission verabschiedete Batterieverordnung das bis dato geltende deutsche Batteriegesetz abgelöst. Die neue Regelung soll die Nachhaltigkeit und die Wettbewerbsfähigkeit der Batterieproduktion auf unserem Kontinent sicherstellen. Kernpunkte bilden die Sammlung der Batterien, Maximalgrenzen für die CO_2-Bilanz, die Recycling-Gesamteffizienz, Rückgewinnungsziele, Mindestanteile für recycelte Stoffe in der Batterieproduktion und die Einführung des sogenannten Batteriepasses, der alle technischen Angaben und Anwendungen beinhaltet und so eine eindeutige Identifizierung ermöglicht.

Aktuell muss eine Batterie zur Hälfte recycelbar sein, in fünf Jahren schon zu 70 Prozent. Einige Stoffe wie Nickel oder Kobalt müssen sogar so gut wie komplett zurückgewonnen werden! Dafür muss die Recyclingkette einen Wirkungsgrad von nahezu 100 Prozent haben. Wer das schaffen will, muss alle Schritte des Recyclingprozesses gut überwachen. Ab 2031, so sieht es die neue Verordnung vor, müssen alle neu produzierten Lithium-Ionen-Batterien einen bestimmten Anteil recycelter Materialien enthalten: mindestens 16 Prozent Kobalt, 6 Prozent Lithium und 6 Prozent Nickel.

NEUER JOB: SESSHAFT IM »ZWEITEN LEBEN«

Elektrofahrzeugbatterien gelten derzeit nach acht bis zehn Jahren als »ausgedient«. Mit einer Restleistung von immerhin noch gut 80 Prozent sind sie dann nicht mehr für den Einsatz an ihrem Ursprungsort geeignet. Reif fürs Recycling sind sie trotzdem nicht. Stattdessen bekommen sie eine neue Aufgabe – mit mehreren ihresgleichen, die nach ihrem bewegten »ersten Leben« im Auto nun in einem ortsgebundenen Energiespeicher zusammengeschaltet werden. Das »Repurposing«-Prinzip: in Form eines etwa noch mal acht bis zehn Jahre langen »zweiten Lebens« einen neuen Sinn zu erhalten, um die bis dahin vergangene Wertschöpfung und die noch vorhandenen Ressourcen effizient auszunutzen. Dieses Konzept kommt mittlerweile zwar immer häufiger zur Anwendung, aber unterschiedliche Hürden hindern bislang eine grundlegende Integration der altgedienten Akkus in die Batteriekreislaufwirtschaft. Das ist vor allem dem Umstand geschuldet, dass die Leistungsfähigkeit von Batteriesystemen im Laufe ihrer Lebenszeit kontinuierlich abnimmt – das Schicksal der Alterung. So sicher wie das »End of Life« ist aber auch: Zu stationären Energiespeichersystemen wird weiter rege Forschung betrieben.

ANFANG VOM ENDE: WEN WIRD'S DENN GLEICH ZERLEGEN?

Ist das Recycling unausweichlich, beginnt man immer damit, das Batteriesystem auseinanderzubauen. Aller Anfang ist jedoch schwer, denn zum einen gibt es unterschiedliche

Konstruktionsansätze zwischen den Akkus in reinen Elektromobilen und denjenigen in Plug-in-Hybridfahrzeugen, und zum anderen gleicht in E-Fahrzeugen kaum ein Batteriesystemaufbau dem anderen. Standards? Fehlanzeige. Deshalb zerlegen Experten Batterien derzeit hauptsächlich per Hand – und das braucht Zeit. Wir entsinnen uns: Maschinelles Lernen und künstliche Intelligenz können wertvolle Helfer sein, und so befasst sich zum Beispiel auch Natalias Forschungsteam mit den Möglichkeiten der Automatisierung und Digitalisierung für eine standardisierte Demontage von Batteriesystemen in der Zukunft.

Denn worum geht es nach der Zerlegung letztlich? Möglichst wenig neue Materialien zu benötigen, die gebrauchten möglichst unbegrenzt wiederzuverwenden und dabei so wenig Abfälle wie möglich zu produzieren. Lithium-Ionen-Batterien zu recyceln braucht mehrere Verfahrensschritte, die jeweils unterschiedliche Produkte und Wertstoffe freisetzen. Während die Kombination von Auseinandernehmen und mechanischem Zerkleinern zu einer schwarzen Masse führt, lassen sich die Metalle durch weitere Verfahren in Form von Salzen zurückgewinnen. Die Herausforderung des Recyclingprozesses liegt unter anderem in der Rückgewinnungsqualität, die ein hohes Niveau erreicht haben muss, damit ein erneuter Einsatz der jeweiligen Wertstoffe in neuen Batterien überhaupt möglich ist. Die aktuellen industriellen Technologien können jedoch nicht jedes Material zurückgewinnen – weshalb auch in diesem Bereich weiter geforscht wird.

Am Beispiel Batterie wird deutlich, was die Voraussetzungen dafür sind, dass ein geschlossener Kreislauf im Umfeld der industriellen Fertigung möglich ist: Es braucht klare Rahmenbedingungen und Gesetze, während die Produkte von vornherein so konzipiert sind, dass man sie sowohl sinnvoll reparieren als auch mithilfe von KI wirtschaftlich zerlegen und recyceln kann. Für das noch im Aufbau befindliche Batterie-Recycling bestätigen Studien, dass sich das Unterfangen zu einem profitablen Geschäftsbereich entwickelt – was den Preis neuer Akkus demnächst deutlich senkt.

Lilian hat zum richtigen Zeitpunkt die richtige Idee gehabt. Im Gegensatz zu den aktuell in der Industrie verwendeten Technologien kann das von ihrem Unternehmen *cylib* entwickelte Verfahren sämtliche – auch die weniger wertvollen – Materialien aus Batterien und aus Produktionsabfällen zurückgewinnen: neben Kobalt, Kupfer, Aluminium und Nickel nun auch Lithium, Grafit und Mangan. Wo bisherige Verfahren umweltbelastende Chemikalien verwenden, um Lithium und Grafit zurückzugewinnen, kommt bei *cylib* nach thermischer Vorbehandlung lediglich Wasser zum Einsatz. Außerdem werden die Wertstoffe zu einem sehr frühen Zeitpunkt des Gesamtverfahrens zurückgewonnen. Lilian hat es mit ihrem Team geschafft, einen nachhaltigen Recyclingprozess mit einem 30 Prozent niedrigeren CO_2-Verbrauch zu entwickeln. Und mehr noch: Die Recyclingeffizienz von rund 90 Prozent übertrifft schon jetzt die gesetzlichen Vorgaben – einschließlich der verschärften Vorschriften, die im Jahr 2031 in Kraft treten.

Inzwischen hat das Unternehmen seine Pilotanlage erfolgreich in Betrieb genommen und seinen Recyclingprozess auf den Markt gebracht. Die Nachfrage der Industrie für ganzheitliche und nachhaltige Lösungen ist enorm. Mittlerweile ist das zuerst nur aus den Gründern bestehende Team zu einem Betrieb von mehr als 50 Personen herangewachsen. Gemeinsam bereiten sie sich auf die Vergrößerung des Unternehmens vor, die für das Jahr 2026 mit der Inbetriebnahme der ersten Industrielinie geplant ist. »Die Welt schaut bei der Klimawende gebannt auf Europa, auch auf Deutschland«, sagt Lilian: »Wir möchten Vorreiter in der Szene der Elektromobilität sein, indem wir komplett auf nachhaltiges Batterie-Recycling setzen.«

*

Auf der Rückfahrt von Leipzig studiere ich die Nachrichten über die Entwicklung der Kreislaufwirtschaft. Es freut mich besonders, dass das Recycling von Batterien als Erfolgsgeschichte hervorgehoben wird. Es läuft gut, und die gesetzten Vorgaben werden übererfüllt. Solche Erfolge haben Schule gemacht. Immer mehr Menschen haben in den letzten zehn Jahren verstanden, was alles machbar ist, und sich einer Vielzahl von Initiativen angeschlossen, die auf Umsetzung gesetzt haben. Der Wille der Bevölkerung hat die Transformation in Gang gesetzt.

DER KUNSTSTOFF, AUS DEM DIE ALBTRÄUME SIND

Dass Nachhaltigkeit noch nicht im Zentrum unseres alltäglichen Handelns und Konsumierens steht, zeigt unser historischer Hang dazu, massiv in die Zusammensetzung von Stoffen einzugreifen, sie zu verändern, später oft leichtfertig zu »entsorgen«. Die gesunden Kreisläufe der Natur zu *be*hindern, zu *ver*hindern. Unsere Kunststoffe lassen grüßen: Seit 2016 sind jedes Jahr aufs Neue 9 bis 14 Millionen Tonnen Plastikmüll in die Ozeane und kleineren Meere gelangt. Ohne drastische Gegenmaßnahmen werden es 2040 wohl 23 bis 37 Millionen Tonnen jährlich sein. Allein in Deutschland haben wir 2021 rund 12,5 Millionen Tonnen Kunststoff verbraucht – rund 30 Prozent davon waren Verpackungsmaterial. Wen wundert's? Kunststoff ist ein Alleskönner: Hohe Wirtschaftlichkeit, chemische Beständigkeit und geringe Dichte ermöglichen eine schier unendliche Vielfalt von Verwendungszwecken. Aber gerade die Beständigkeit ist eben auch ein Fluch.

Allein im Jahr 2022 wurden weltweit rund 460 Millionen Tonnen neuen Kunststoffs in unsere Märkte gebracht. In derselben Zeit sind gut und gerne 360 Millionen Tonnen Plastikmüll entstanden – mit 50 Prozent zum größten Teil aus Verpackungen und mit weiteren 30 Prozent aus dem Bauwesen, der Industrie und der Landwirtschaft. Weitere Verursacher: Textilien und Elektrogeräte. Von diesem Abfall landen etwa 70 Prozent in der Umwelt, auf Mülldeponien, in einer energetisch nicht genutzten Verbrennung oder schlichtweg »irgendwo«. Lediglich 30 Prozent unseres Kunststoffmülls werden zu zwei Dritteln für die Energiegewinnung verwendet und zu einem Drittel recycelt. In Europa waren es 2022 rund 50 Millionen Tonnen, von denen wir 42 Prozent im Sinne des »Waste-to-Energy«-Ansatzes zu Energie machen und 15 Prozent recyceln konnten. »Energiegewinnung« liest sich doch gar nicht so schlecht? Tatsächlich ähnelt der Brennwert von Kunststoff demjenigen der Steinkohle, aber wir bewegen uns damit immer noch in einem linearen System, in dem wir Ressourcen unwiederbringlich verbrauchen.

Freilich gibt es Möglichkeiten, Kunststoff wiederzuverwenden, idealerweise mehrfach. Das mechanische Recycling umfasst mehrere Schritte, die dazu dienen, gebrauchtes Plastik zu sammeln, zu sortieren, zu reinigen, zu zermahlen und zu verarbeiten, um daraus neue Produkte herzustellen. Das geschieht in der Regel durch mechanisches Zerkleinern. Recycelter Kunststoff lässt sich für unterschiedliche Zwecke verwenden – von der Herstellung neuer Verpackungen bis hin zu Baumaterialien und anderen industriellen Anwendungen. Der Erfolg des mechanischen Recyclings ist allerdings von verschiedenen Faktoren abhängig, wozu die Qualität des gesammelten Plastiks, die Effizienz der Sortierung und Reinigung sowie die Nachfrage auf dem Markt gehören. Häufig haben wir es mit einer weniger qualitativen Nutzung zu tun und machen Zaunlatten oder Ähnliches aus dem recycelten Kunststoff – wodurch wir vielleicht eine weitere Produkt-»Lebensphase« gewinnen, aber eben keinen echten Kreislauf.

Durch das chemische Recycling hingegen kann uns der Wandel zur Zirkularität gelingen. Anders als bei der werkstofflichen Verwertung und damit der Erhaltung der Makromoleküle beim mechanischen Recycling, wird beim chemischen Recycling eine rohstoffliche Verwertung angestrebt, bei der der Kunststoff in seine Grundsubstanzen zerlegt wird. Beide Methoden erreichen die Zersetzung des Ausgangsmaterials, unterscheiden sich jedoch bei den Bedingungen und den Prozessen. Das chemische Recycling bringt kaum einen Qualitätsverlust des aufbereiteten Materials und hat den großen Vorteil, trotz verbrennungsähnlicher Phänomene umweltschonend zu sein. Deponiegase lassen sich deutlich reduzieren, indem das im Reaktor entstandene Methan oder Kohlendioxid direkt weiterverarbeitet und nicht freigesetzt wird. Auch eine Kombination von mechanischem Recycling und Verbrennungsprozessen mit hohen Temperaturen (Pyrolyseverfahren) als »hybrides Recycling« ist mehr als nur eine Überlegung wert, da es die Vorteile beider Verfahren miteinander vereint und dadurch die Effizienz erhöht. Die meisten aktuellen Pyrolyseanlagen sind zwar noch als Pilotprojekte konzipiert, aber große Chemieunternehmen sehen in der Pyrolyse eine Chance auf eine effektive Kreislaufwirtschaft. Die weltweite Jahreskapazität lag im Jahr 2021 bei einer Million Tonnen und soll bis 2030 vervierfacht werden.

Gleichzeitig sind wir mit einer unangenehmen Wahrheit konfrontiert: Sollte es uns nicht gelingen, effizient zu verhindern, langlebigen Kunststoff in großen Mengen in die Natur »abzugeben«, stehen wir vor langfristigen, gewaltigen

Problemen. An keinem Beispiel wird deshalb deutlicher, wie wichtig es ist, dass wir in sämtlichen Bereichen Vermeidung und Reduktion vorantreiben und alternative Stoffe entwickeln, die das Recycling vereinfachen oder vollständig natürlich abbaubar sind. Und wie hilfreich womöglich neue Gesetzgebungen sind, die das Verursacherprinzip in den Mittelpunkt rücken. Es gab und gibt zum Teil ja auch schon Alternativen zu Kunststoffverpackungen; aber sie konnten sich bislang am Markt nicht durchsetzen.

*

Am Abend läuft mein Zug in Aachen ein, und ich bekomme die Bilanz der letzten Wochen über meinen Kunststoffverbrauch angezeigt. Die Transparenz als Voraussetzung für weiteres Handeln ist da. Schrittweise schließen sich auch hier die Kreise … Doch jetzt freue ich mich erst einmal auf meine Familie und mein Bett. Mein Tagesfazit: Es ist gut zu sehen, was alles schon geht. Wir haben aufgehört, zu viel zu reden, und sind ins Machen gekommen. Und wir dürfen die begründete Hoffnung haben, dass manches noch viel besser kommt als zunächst angenommen.

KAPITEL 4

DAS GROẞE BILD: ALLES EINE FRAGE DER ZUSAMMENSETZUNG

Es ist an der Zeit, das Puzzle fertigzustellen, die einzelnen Teile in einem großen Bild aufgehen zu lassen, das uns plastisch vor Augen führt, wie wir besseren Zeiten im Einklang mit unserer Umwelt entgegensehen und entgegengehen. Das ist unser Ziel – und doch nicht das Ende, denn hinter der Ziellinie eröffnen sich neue Wege. Wir brauchen einen Fixstern, um unsere Innovationen in die richtigen Bahnen zu lenken. Wir brauchen richtungsweisende Konzepte und Rahmenbedingungen, die uns Menschen dazu motivieren, unsere Zukunft in die Hand zu nehmen. Das ist das Gute: Wir können es schaffen, aus dem Puzzle ein vollständiges Bild zu erschaffen.

KREISLAUFWIRTSCHAFT: DIE GEBURT DER RE-GENERATION

Hinter alledem steht die vielleicht wichtigste Frage unserer Zeit, weil die Antwort darauf unseren Fortbestand bestimmt: Wie können wir die nachwachsenden Ressourcen der Erde so nutzen, dass wir sie nicht schon viel zu früh im Verhältnis zu ihrer Regeneration aufgebraucht haben? Der Stichtag, an dem die Menschheit für das jeweilige Jahr bereits verzehrt und verbraucht hat, was die Natur im Laufe von zwölf Monaten neu entstehen lassen kann, findet immer früher im Kalender statt: 2022 war es der 28. Juli, an dem wir die Ressourcen, die für das gesamte Jahr zur Verfügung standen, aufgebraucht hatten. Den Rest des Jahres leben wir dann sozusagen »auf Kredit« und auf Kosten unserer Nachkommen – eine Schuld, die wir nie begleichen, weil wir sie nicht begleichen können. Wir leben über unsere Verhältnisse, und das Defizit summiert sich auf. In den 1970er-Jahren fiel das destruktive Datum noch in den Dezember.

Und so müssen wir uns unweigerlich fragen: Brauchen wir wirklich alles so, wie wir es uns gestaltet haben? Oder gibt es nicht andere Wege, andere Werte? Andere Welten gibt es jedenfalls nicht, und deshalb ist sicher: Im gleichen Maße wie wir Konsumierenden müssen auch die Unternehmen umdenken. Viele tun es inzwischen schon. Selbst BlackRock, mit einem Volumen von mehr als zehn Billionen US-Dollar der weltgrößte Vermögensverwalter, setzt mittlerweile auf Nachhaltigkeit. Entsprechende Maßnahmen wirken allerdings häufig wie aufgezwungen, wie ungeliebter Ballast, der unfreiwillig aufgesattelt wird und einfach nur noch mehr Bürokratie verursacht. Was wir stattdessen brauchen, sind Nachhaltigkeitslösungen, die auch wirtschaftlich Vorteile bringen – und dadurch Motivation erzeugen. Wir haben mehrere industrielle Revolutionen erlebt. Sie haben großen gesellschaftlichen Fortschritt gebracht, weil wir jedes Mal massiv die Produktivität gesteigert haben. Wenn wir alles richtig machen, dann ist die Kreislaufwirtschaft unsere nächste industrielle Revolution – und gleichzeitig auch die letzte.

Als wir die Elektrizität für uns entdeckten, haben wir die Gaslampen durch Glühbirnen ersetzt. Danach passierte erst einmal lange Zeit gar nichts. Die Fabriken wurden weiterhin von riesigen Dampfmaschinen betrieben, die zentral aufgestellt waren und mittels Wellen und Riemen die Anlagen in Bewegung versetzten. Bis wir irgendwann doch erkannt haben, dass die Elektrifizierung das gesamte Konzept unserer Fabriken deutlich flexibler macht und wir Prozesse völlig neu und dezentral denken können – bis zum Punkt der künftigen Fließfertigung. Daraus können wir lernen. Diesmal müssen wir es schaffen, von unseren aktuellen Industrieprozessen Abstand zu nehmen und mit neuen Technologien wie der künstlichen Intelligenz nicht einfach nur einzelne Verfahrensschritte zu verbessern, sondern ganzheitlich neu zu denken und Technologien zusammenzubringen.

Mein Beruf, meine Berufung als Ingenieur verleiht mir das Handwerkszeug, mit dem wir Lösungen ins Leben rufen können – auch zum intelligenteren, schonenden Umgang mit unseren Ressourcen. Mir ist klar geworden, dass wir mit punktuellen, kleinteiligen Antworten dieses gewaltige Problem nicht lösen können. Also müssen wir die einzelnen Teile wie ein Puzzle zu einem großen Ganzen zusammenfügen.

Nach vielen Gesprächen, Debatten und Diskussionen habe ich einen umfassenden Lösungsansatz für die Zukunft unserer Städte und ihres Umlandes herausgearbeitet, der sich unter anderem der Technologien bedient, die wir bereits kennengelernt haben.

Dieser Ansatz ist nicht die einzig richtige, die einzig mögliche Lösung. Es ist eine Vision dazu, wie eine Lösung aussehen kann, die einen ganzheitlichen Blick auf ein allumfassendes Problem wirft. Global im Anspruch – lokal in der Umsetzung. Es ist ein Ansatz, der einzelne technische Errungenschaften systematisch miteinander kombiniert und eine Perspektive eröffnet, wie der urbane Mensch im Einklang mit der Umwelt lebt – und sich bescheidet, ohne in die Steinzeithöhle zurückzukehren. Nach reiflichen Überlegungen mit Gleichgesinnten im Verein *Ingenieure retten die Erde* haben wir dem Modell den Namen *Humanotop* verliehen. Das beschreibt in unseren Augen am besten, worum es im Kern der Sache geht: um einen menschenwürdigen Lebensraum.

Es geht um nachhaltiges urbanes Leben, zu dem Technik maßgeblich beiträgt. Aber: Auch wenn wir durch Erfindungen viele Probleme lösen können, stehen ausdrücklich der Mensch und seine Umwelt im Mittelpunkt. Ein weiterer technokratischer Lösungsversuch wäre zum Scheitern verurteilt. Der Mensch gilt hier nicht als Parasit, von dem die Erde sich schnellstens befreien muss. Der Mensch und seine Bedürfnisse stehen ebenso im Zentrum wie die Vereinbarkeit mit der Natur – damit Leben und Wirtschaften dauerhaft möglich bleibt.

Auch ein *Humanotop* kann die Welt nicht retten. Aber es kann eine Blaupause bilden, einen Baustein zum Aufbruch der Gesellschaft, der vor allem jungen Leuten die Angst nimmt, tatsächlich die letzte Generation zu sein. Wir müssen handeln. Gemeinsam. Allein die Suche nach Schuldigen hat uns noch nie weitergebracht. Wir haben keine Zeit für Konfrontation und müssen unsere gesamte Energie dem Wandel widmen. Mich treibt daher die Frage um, wie wir in Deutschland Vorreiter für Veränderungen sein können, statt uns weiterhin einen Namen als Nation der Nörgler, Moralisierer und Besserwisser zu machen. »Wer Visionen hat, sollte zum Arzt gehen«? Mein Zukunftsbild besteht auch ohne medizinische Unterstützung darin, das *Humanotop* zum Exportschlager werden zu lassen, der die Welt überall zu einem besseren Ort macht.

»An ihren Taten werdet ihr sie erkennen«: Getreu diesem Leitspruch, einem Vers, der aus der Bibel stammt, habe ich mich mit meinen Unternehmen auf den Weg gemacht. Dabei erlebe ich hautnah, wie schnell Dinge finanzierbar und umsetzbar sind. Auf unserer Reise haben wir mittlerweile mehrere Hundert Arbeitsplätze geschaffen. Bis zum Ziel dauert es noch. Aber ich weiß, dass die Idee das Potenzial hat, das Leben nachhaltig zu verändern.

NICHT DYSTOPIE, NICHT UTOPIE: PERSPEKTIVE MIT SYSTEM

An und auf der deutsch-niederländischen Grenze entstehen die vielen Puzzleteile der grünen Musterstadt. Der *Avantis European Science and Business Park* liegt zwischen Heerlen in Holland und Aachen im Rheinland. Die Medien bezeichnen das gut 40 Hektar große Areal gerne als Gewerbepark. Das ist nicht falsch. Für mich ist dieser Ort jedoch viel mehr: eine Insel der Ideen, die dabei mithilft, die Stadt – und vielleicht sogar die Welt – der Zukunft zu entwickeln und Lösungsbausteine zu erproben. Das *Humanotop:* Hier sollen Wasser, Energie, Lebensmittel, Gebäude und Mobilität inklusive der notwendigen Infrastruktur und der Vegetation möglichst aus eigenen Ressourcen gewonnen, betrieben und genutzt werden.

Am Standort *Avantis* entwickeln wir das *Humanotop* zunächst im kleinen Maßstab. Der Ort entlang und mitten auf der deutsch-niederländischen Grenze ist bewusst gewählt: Wir befinden uns hier nicht am Ende von Deutschland, sondern mitten in Europa. Die zugrunde liegende Idee ist eine Eutopie – die Darstellung eines gesunden Normalzustands, der nur noch nicht erreicht ist. In Zeiten der destruktiven Dystopien, der negativen Narrative, ist das *Humanotop* keine Utopie, kein Zukunftsentwurf ohne reale und realistische Grundlage. Das *Humanotop* ist keine Spinnerei, es kann tatsächlich Wirklichkeit werden, gute Wirklichkeit.

Daher ist es eine Eutopie. Genauso wenig soll das *Humanotop* eine Modellstadt auf der grünen Wiese sein – das wäre Umweltzerstörung –, und es geht auch nicht um ein Projekt, bei dem Hunderte von Menschen durch die Gegend wuseln, von denen die einen hier eine neuartige Elektrozelle und die anderen dort den ertragreichsten Weizen aller Zeiten hervorbringen. Auf dem Gelände von *Avantis* sammeln wir systematisch sinnvolle Vorschläge und erproben einzelne Lösungsbausteine. Dabei müssen wir das Rad nicht neu erfinden: Für die meisten Probleme der Welt gibt es bereits technische Lösungen. Wir müssen sie »nur« noch bestmöglich ein- und umsetzen. Wir konzentrieren uns dabei auf die unverzichtbaren Eckpfeiler, in deren abgesteckten Grenzen sich die Transformation lokal weiterentwickeln kann. *Humanotope* sollen Hilfe zur Selbsthilfe werden.

In einer vernetzten Welt muss alles aufeinander abgestimmt sein. Was nützt schon ein umweltschonendes Elektroauto, wenn nicht genügend Ladestationen existieren? Die Herausforderungen der Stadtplaner werden zukünftig anders aussehen als heute. Darauf müssen auch die Menschen vorbereitet werden, die mit der Planung von Städten nichts zu tun haben, sondern die einfach nur in ihnen leben und arbeiten. Digitale Vernetzung erzeugt Ängste vor einem digitalen Überwachungsstaat. Es steht außerhalb jeglicher Diskussion: Bei allem technologischen Fortschritt muss die Freiheit des Menschen als oberstes Gut erhalten bleiben. Bei sämtlichen Überlegungen zum *Humanotop* geht es deshalb nicht darum, den Menschen dazu zu zwingen, einer ausbeutenden Technik zu folgen, sondern ihnen mithilfe von Technologien dabei zu helfen, in Freiheit leben zu können. Ein Gut, das die Menschen im Begriff sind, selbst zu zerstören.

Das *Humanotop* ist eine offene Ideenschmiede, ein »Thinktank«, in dem Wissenschaft und alle anderen Bereiche der Gesellschaft zusammenarbeiten. Er integriert Top-down- und Bottom-up-Ansätze. »Top-down« geht vom Abstrakten, Allgemeinen, Übergeordneten schrittweise hin zum Konkreten, Speziellen, Untergeordneten. »Bottom-up« bewirkt das Gegenteil. Wir befassen uns mit großen Masterplänen genauso wie mit Initiativen einzelner und kleiner Gruppen. So steuert eine Forscherin eine wichtige Erfindung bei, und ein Rentner teilt seine Erfahrung zum Stadtgarten. Wir suchen nach Übereinstimmungen und prüfen, wie eine Verzahnung zum großen Ganzen funktionieren kann, bis die einzelnen Puzzleteile ein stimmiges Gesamtbild ergeben. Dabei analysieren wir auch bestehende Städte, nehmen die unterschiedlichen Gegebenheiten vor Ort auf und leiten eine Strategie zur Veränderung ab, die die städtische Gemeinschaft hoffentlich anschließend umsetzt: in einem Masterplan, der die Menschen Schritt für Schritt mitnimmt. Davon träumen alle, die an diesen Projekten forschen: dass die Idee der humanen Stadt einmal Wirklichkeit wird. Und das ist durchaus realistisch!

ES KOMMT IN BEWEGUNG: MIT DER MOBILITÄT FÄNGT ALLES AN

Für mich selbst hat alles mit dem *StreetScooter* begonnen. Das Zustellfahrzeug für die Deutsche Post war gewissermaßen mein Meisterstück. Warum meine Begeisterung für Elektromobilität? Weil ihre Effizienz einfach unschlagbar ist. Wo synthetische Kraftstoffe 10 Prozent, der Verbrennungsmotor 20 Prozent, die Brennstoffzelle 40 Prozent erreichen, erzielt das Prinzip »Elektro« einen Wirkungsgrad von bis zu 80 Prozent. Ich bleibe dennoch dabei: Wir benötigen sämtliche Technologien für unsere unterschiedlichen Anwendungsbereiche.

In Gedanken reise ich zurück zum Ursprung. Es ist 7 Uhr, ein Wintermorgen in Aachen. Klirrende Kälte. Wenigstens schneit es nicht. Ich stehe vor einem Zustellstützpunkt der Deutschen Post und lade Pakete und Briefe in einen Caddy. Meine Hände sind schon nach wenigen Minuten tiefgefroren. Aufmunternd klopft mir ein Kollege auf die Schulter. »Ich mache diesen Job seit 20 Jahren – man gewöhnt sich an alles«, sagt er mit einem Grinsen im Gesicht. Ich bin schon vor dem Anfang froh, wenn meine Probeschicht in einigen Stunden vorbei ist. Ich bin dem erfahrenen Zusteller Kai zugeteilt, und wir machen uns auf den Weg in seinen Bezirk. Briefe und Pakete werden wir hier zusammen austragen, erklärt er.

Erster Halt. Kai verlässt den Caddy schneller, als ich mich abschnallen kann. Ich eile zum Heck des Fahrzeugs, wo Kai mir einige Pakete in die Hand drückt und auf mehrere Häuser deutet. Dann verschwindet er in die andere Richtung. Ich gehe schnellen Schrittes zu den Häusern und spüre meine eisigen Hände kaum noch. Als ich zum Caddy zurückkomme, sitzt Kai längst wieder im Fahrzeug und trommelt mit seinen Fingern auf das Lenkrad. Es geht weiter – aber nur einige Meter, dann direkt der nächste Halt. Dass die Heizung läuft, macht durch das ständige Auf und Zu der Türen fast keinen Unterschied. So geht es stundenlang. 200-mal aus- und wieder einsteigen, kurzes Weiterrollen, längeres Anhalten. Der Verbrennungsmotor kommt nicht auf Betriebstemperatur, meine Knie schmerzen. »Ein ideales Szenario für den Einsatz von Batterie und Elektromotor«, denke ich bei mir, und in meinem Kopf entsteht das Bild eines neuen Zustellfahrzeugs.

Ich bin froh, als ich das Auto von Fabian sehe, dem Technischen Geschäftsführer von *StreetScooter.* Er kommt, um mich abzuholen. Ich bin Geschäftsführer der *StreetScooter GmbH,* und wir sollen Elektrofahrzeuge für die Deutsche Post sowohl entwickeln als auch bauen. Doch bevor wir das tun, ist es gut zu wissen, was die Zusteller und deren Fahrzeuge tatsächlich leisten müssen. Wir starten mit nichts als der Idee und einer Handvoll Gleichgesinnter – und mit der Finanzkrise. Alle wetten gegen uns. Im Radio läuft »Against All Odds« von Phil Collins. Eine gewisse Zeit später sind 25 000 *StreetScooter* auf den Straßen unterwegs. Bis heute hat sich kein besseres Fahrzeug am Markt durchgesetzt, mit dem gleichzeitig Briefe und Pakete zugestellt werden können. Für mich noch wichtiger: Wir sind den Beweis angetreten, dass Elektrofahrzeuge auf der »letzten Meile« sinnvoll sind und funktionieren. Welcher andere damals gestartete Newcomer mit Ausnahme von Tesla hat ein solches Volumen zustande gebracht? Bis zum heutigen Tag tatsächlich keiner. Wir haben gesehen, dass auch die Kleinen viel bewegen können. Wir haben aber auch gelernt, dass zwischen Idee, Innovation und Industrialisierung viele potenzielle Brüche warten, wogegen wir uns dringend besser wappnen müssen.

Nachdem wir die E-Mobilität vorangetrieben hatten, entwickelten wir Ansätze, mit deren Hilfe wir eine umweltschonende Mobilität als Ganzes in den Alltag bringen können. Urbane Räume sollten mit einer konsequenten Nutzmischung und einer kompakten Stadtentwicklung gestaltet werden, sodass der Bedarf individueller Verkehrsmittel sinkt und aus »Standzeugen« effizient genutzte Transportmittel werden, die möglichst wenige Nachteile besitzen. Städtebauliche Maßnahmen können dabei helfen, das Verkehrsaufkommen einzudämmen, genauso wie eine intelligente Kombination des Individualverkehrs mit dem öffentlichen Personennahverkehr. Für einen effektiven und lukrativen Betrieb muss der ÖPNV bislang eine größere Zahl von Menschen befördern und kommt nur in zentralen Bereichen der Stadt sinnvoll zum Einsatz. Auf dem Land ist er ein massives Zuschussgeschäft. In Konzepten, die dem entgegenwirken, spielen Mikromobilität, automatisiertes Fahren und Digitalisierung, aber auch bisher als »exotisch« geltende Lösungen wie Seilbahnen eine tragende Rolle. Durch solche Ansätze lässt sich die logistische Effizienz sowohl bei der Beförderung von Menschen als auch beim Transport von Waren massiv steigern.

Konzentrieren wir uns auf die Kombination und Integration der beschriebenen unterschiedlichen Ansätze und Technologien, verstärken sich ihre jeweiligen Effekte. Unsere Prinzipien: Wir bringen Verkehre nicht nur auf, sondern auch über und unter die Erde, verlagern unsere »Standzeugen« in automatisierte Parkhäuser, entzerren den Verkehr durch eine bessere Verteilung auf die vollen 24 Stunden eines Tages, verbinden Stoffströme miteinander, lassen Individualverkehr und ÖPNV fließend ineinander übergehen, stellen unsere Fahrzeuge auf Batterie, Brennstoffzelle und synthetische Kraftstoffe um und nutzen die Vorteile von Automation und Digitalisierung vor allem in ländlichen Regionen.

Unser Verkehr wird künftig also im Raum auf drei Ebenen und in der Zeit auf »24/7« verteilt. Automation und Digitalisierung machen unseren Verkehr in verschiedenen Bereichen effizienter und liefern uns wertvolle Informationen, die wir bisher nur mit großem personellen Aufwand gewinnen konnten – etwa zum aktuellen Zustand unserer zahlreichen Straßen, woraus wir früher und schneller entsprechende Maßnahmen zur Instandsetzung einleiten können. Wir passen die Größen der Fahrzeuge dem tatsächlich benötigten »Volumen« an und ermöglichen allen Menschen durch eine zentrale Software für mobile Endgeräte, sämtliche Verkehrssysteme zu nutzen. Diese Umstellung nehmen wir schrittweise vor und gleichen sie den geografischen Gegebenheiten an.

FRISCH VOM ERZEUGER: MIT NEUER ENERGIE ZUR VERSORGUNGSSICHERHEIT

Solange das wundersame Perpetuum mobile nicht erfunden ist, sind wir auf Energie für jegliche Art von Bewegung und Betrieb angewiesen. Verkehrs- und Energiewende sind eng miteinander verbunden. Der Ausbau der »Erneuerbaren« steigt im privaten Bereich und in der Industrie. Diesen Trend müssen wir beibehalten, um den Anteil klimaschädlicher Energieerzeugung weiter zu verringern. Im *Humanotop* erfolgt sie zu einem großen Teil direkt am Ort ihres Verbrauchs – durch Vorrichtungen auf Hausdächern und Freiflächen, mit denen wir Solar- und Windenergie gewinnen. Im Gegensatz zu heutigen Lösungen müssen wir flexibler sein, wenn es darum geht, Energie zu speichern. Wir brauchen verschiedene Arten von Energiespeichern, die wir geschickt miteinander verbinden: Dazu werden die Technologien von Strom, Wasserstoff und synthetischen Kraftstoffen sowie der Umwandlung von Gasen in ihren jeweiligen Systemen miteinander vernetzt und bilden so die Grundlage einer günstigen und sicheren Energieversorgung. Wir berücksichtigen allerdings auch, dass es aus Effizienzgründen nicht immer Sinn ergibt, die gesamte Energie vor Ort zu erzeugen. Dort, wo die Sonne das ganze Jahr lang scheint, und dort, wo der Wind Tag und Nacht weht, lässt sich viel mehr Energie gewinnen als andernorts – und als für den eigenen Verbrauch in solchen Regionen notwendig ist. Also machen wir lokal überschüssige Energie in Form von nachhaltigem Wasserstoff transportierbar.

Wir brauchen starke lokale Akteure, die gemeinsam mit den Bürgerinnen und Bürgern sowie der ansässigen Industrie eine Wende gestalten, um nachhaltige – das heißt bezahlbare und unbegrenzte – Energie zu gewinnen. Eine zentrale Rolle kommt dabei den lokalen Energieversorgern zu. Warum nicht das »Aachener Modell« von »damals« wiederholen? 1991 ging die Initiative von Aachener Bürgerinnen und Bürgern aus, die einen Antrag auf kostendeckende Einspeisevergütung für Elektrizität aus Solar- und Windkraftanlagen stellten – lange bevor das Gesetz zur Einspeisevergütung in Kraft trat. Unterstützt wurde das Vorhaben von mehreren Seiten – mit Erfolg. Die Vergütung machte die Anlagen rentabel. Aber noch weitaus mehr als das, ermöglichte die Umlage es, eine neue Technologie einzuführen und zu erproben. Mittlerweile wissen wir, dass die sogenannten Skaleneffekte zu einer rentablen Erzeugung von Elektrizität aus Sonne und Wind geführt haben. Damals war es also gelungen, einen lokalen Sonderweg zu beschreiten und damit zu zeigen, wie es in der gesamten Republik funktionieren könnte. Das Aachener Modell haben 40 Kommunen übernommen, und Investoren wurden darauf aufmerksam und aktiv.

Heute gibt es mehr als 80 energieautarke Dörfer in Deutschland. Bei solchen Vorhaben müssen wir den jeweils sinnvollen Selbstversorgungsgrad festlegen und dann entsprechende Partnerschaften aufbauen. Wenn es gelingt, in der näheren Umgebung Organisationen dafür zu gewinnen mitzumachen, ergeben sich dadurch auch finanzielle Chancen. Um eine Idee davon zu bekommen, in welche Dimensionen lokale Initiativen vordringen können, schauen wir kurz auch nach Namibia: *Daures Green Hydrogen Village* soll das erste »Netto-Null«-Dorf in Afrika werden – durch die nachhaltige Produktion von »grünem Wasserstoff« und Ammoniak, die beide auch exportiert werden sollen. Vor Ort erzeugten Ammoniakdünger zu verwenden, soll kohlenstofffreie landwirtschaftliche Produkte ermöglichen, die wiederum lokale Arbeitsplätze und Partnerschaften ins Leben rufen. Das Dorf will nachhaltige Ausbildungsmöglichkeiten schaffen, die auch »Schulgärten« umfassen, in denen Kinder bereits im frühen Alter landwirtschaftliche Fähigkeiten erlernen und entfalten können.

Wird die Infrastruktur ausgebaut, entstehen außerdem Forschungsmöglichkeiten für Studierende aus der Region und weit darüber hinaus. Der Projektstandort Daures in Namibias größtem Kreis umfasst 15 000 Hektar Land – ein Gebiet, das fast doppelt so groß ist wie Manhattan und das Potenzial hat, mehr als ein Gigawatt erneuerbarer Energie zu erzeugen.

Warum ausgerechnet Namibia? Ganz einfach: Die Vision des »grünen Wasserstoff-Dorfes« veranschaulicht eine integrierte Wertschöpfungskette mit Zukunft. Sie beginnt mit erneuerbarer Energie aus Fotovoltaik, die mit einem Gerät, das Stoffe umwandeln kann, aus der Energie »grünen Wasserstoff« erzeugt. Ein Großteil dieses Wasserstoffs wird in einer Anlage zur Ammoniaksynthese für die Herstellung von Ammoniak genutzt, der anschließend zu Dünger für die Landwirtschaft weiterverarbeitet wird. Der übrige Teil des Wasserstoffs wird in Tanks gespeichert und gilt als Endprodukt und Exportgut etwa für Europa. Die Abnehmer stammen beispielsweise aus den Kategorien »Transport und Mobilität«, »Internationale Industriekunden« und »Düngemittelhändler«. Schon 2032 soll das Dorf 240 000 Tonnen Wasserstoff und 700 000 Tonnen Ammoniak pro Jahr produzieren. Die gesamte Solarenergie wird für die Elektrolyse genutzt, und mithilfe von Windkraft wird ein weiteres Gigawatt hinzugewonnen. Zum Vergleich: Im Jahr 2019 betrug die in ganz Namibia installierte Leistung 540 Megawatt …

Nein, das ist kein Luftschloss. Die Windressourcen und die Annahmen zum Energieertrag wurden von Messungen bestätigt, und Wärmebildkarten verdeutlichen, dass jahrein, jahraus mit rund 2500 Kilowattstunden Sonneneinstrahlung pro Quadratmeter zu rechnen ist – gegenüber knapp 1000 Kilowattstunden je Quadratmeter in Deutschland. Für die Wasserversorgung wird in der ersten Projektphase Trinkwasser aus Bohrlöchern gewonnen. Sieben solcher Brunnen wurden auf dem Gelände gebohrt, um den täglichen Wasserbedarf von anfangs 96 Kubikmetern zu decken, der später auf 50 Kubikmeter pro Tag reduziert werden soll. Das geförderte Wasser wird mithilfe einer Umkehrosmoseanlage gereinigt. In den nachfolgenden Projektphasen ist die Nutzung von entsalztem Wasser vorgesehen, entweder durch den Anschluss an bestehende Anlagen oder durch den Bau einer eigenen Entsalzungsanlage – in Zusammenarbeit mit anderen Akteuren in der Region.

MENSCH UND NATUR: ENDE EINER TOXISCHEN TRENNUNG

Es sind nicht nur unsere offensichtlichsten Bedürfnisse der Mobilität und der Energieerzeugung, die wir in die Strukturen einer »Eco City« einbetten müssen, sondern wir sollten auch dafür sorgen, dass Kreisläufe entstehen und dass wir Artenvielfalt ermöglichen, sodass sich unsere Städte besser in die Umwelt integrieren. *Humanotope* sind Siedlungen, die sich so weit wie möglich an selbsttragenden Strukturen und Funktionen natürlicher Ökosysteme orientieren, sodass sämtliche Ressourcen und Güter für künftige Generationen geschützt und gepflegt werden, wobei auch finanzielle Aspekte berücksichtigt werden. Wir heben die örtliche Trennung von Wohnen, Arbeiten und Freizeit weitgehend auf und fördern Flächeneffizienz und Nutzungsmischung. Wo vor allem der gewerbliche Bereich bislang von Monostrukturen geprägt war, ergänzen wir Soziales und Infrastruktur, da wir Wege verkürzen und Emissionen verringern müssen. Denn viel zu lange war es doch beispielsweise so: Nach dem Frühstück bringen wir unsere Jüngsten zur Kita, die meistens nicht auf unserem Weg zur Arbeit liegt. Anschließend fahren wir zu unseren Jobs, mittags irgendwohin zum Essen, abends wieder nach Hause und von dort aus noch zum Sport. Unsere täglichen Zielorte liegen weit voneinander entfernt.

Dass unsere Siedlungen permanent wachsen, hat zu weniger Freiflächen und Grünstrukturen geführt, was einen weitreichenden Verlust der Klimaregulierung und der Luftfilterung mit sich gebracht hat. Zahlreiche ungenutzte Dachflächen bieten das Potenzial für Gebäudebegrünung und lokale Nahrungsmittelerzeugung – was Fotovoltaik auf derselben Fläche keineswegs ausschließt. Wir verabschieden uns endgültig von unserem selbst erzeugten Widerspruch einer Trennung von Mensch, Zivilisation, Stadt auf der einen und Natur auf der anderen Seite.

Wer direkt von einem Problem betroffen ist, kann es in seiner eigenen bekannten Umgebung meist auch am besten lösen. Diesem Grundsatz folgend, bringen wir alles, was innerhalb eines *Humanotops* sinnvoll organisiert und geregelt, produziert und erzeugt werden kann, in dezentralen Kreisläufen selbst hervor. Erst dann, wenn das nicht möglich ist, müssen zentrale Lösungen und Rahmen vorgegeben werden, denn selbstverständlich liegt auch im Ideenaustausch mit Außenstehenden viel Gutes. Heute erarbeiten viele Städte ihre Lösungen noch allein, und jede macht ihre eigenen Fehler – die am Ende oft genug auch noch die gleichen sind.

Unser Prinzip lautet also: Umsetzung dezentral durch lokale Akteure, Hilfe zur Selbsthilfe durch zentrale Einheiten.

Wir stoppen das Dasein der Stadt, die ihre Umgebung ausbeutet, und kehren die Entwicklung schrittweise um. Baustoffe aus Holz, die als CO_2-Speicher dienen und sich vollständig wiederverwerten lassen, kommen so häufig wie möglich zum Einsatz. Zahlreiche Flächen werden mehrfach genutzt: Wohnen, Arbeiten, Wasserspeicher, Lebensmittel und Energie integrieren sich in die Umwelt. Wir beenden den Kolonialismus der Stadt und beginnen eine neue Ära des systematischen Verbunds von Stadt und Land. Artenvielfalt und verminderter Flächenverbrauch bilden den Maßstab für eine intakte Umwelt.

EIN FALL FÜR DIE TONNE: WEG MIT DER WAREN-WEGWERF-WIRTSCHAFT

Die industrielle Produktion wird von der Linearwirtschaft beherrscht, die mit Recht auch als »Wegwerf-Wirtschaft« bezeichnet wird. Dieses Modell setzt auf große Mengen billiger, leicht zugänglicher Materialien und auf preiswerte Energie. Die Produkte der Linearwirtschaft haben häufig eine kurze Lebensdauer. Schnell werden sie wieder entsorgt, was zu immer größeren Müllbergen führt. Der weltweite Warenanteil, der ganz oder teilweise in Kreisläufe zurückkehrt, liegt heute unter zehn Prozent.

Das können wir vermeiden, indem wir Kreisläufe zum unumstößlichen Prinzip unserer Ressourcenverwendung machen. Ergo nutzen wir künftig so wenige neue Materialien wie möglich – ein Ansatz, der weit über unser heutiges Recyclingsystem hinausgeht. Sämtliche gebrauchte Stoffe werden auf unterschiedliche Weise wieder als Ausgangsmaterial verwendet. Schon wer ein Produkt entwickelt, berücksichtigt, dass die Hersteller es reparieren oder wiederaufbereiten können. Wird das Produkt nicht mehr genutzt, werden die Wertstoffe aus den einzelnen Komponenten zurückgewonnen. Dass dies reibungslos möglich ist, wird schon mitgedacht, wenn das Produkt entwickelt wird. Außerdem begeben wir uns Schritt für Schritt auf die Pfade einer industriellen Symbiose, bei der die Abfälle des einen die Rohstoffe des anderen sind.

Bloße Verschwendung oder böse Vernichtung? Bis zu 40 Prozent aller erzeugten Lebensmittel verzehren wir nicht. Umgekehrt bedeutet das aber auch: Wir haben enormes Verbesserungspotenzial, das realistisch erreichbar ist. Leihen wir uns also den Begriff des »Lean Management«, um gesamte Wertschöpfungsketten industrieller Güter effizient zu gestalten, und setzen wir das Denkprinzip auch für unsere Ernährung um! Anschließend steigern wir die Effizienz etwa bei der Herstellung von Proteinen mithilfe von Insekten, die bis zu zehnmal ergiebiger sind als unsere bisherigen Methoden. Außerdem erhöhen wir unsere Flächenproduktivität, ohne dabei unsere Grundlagen zu zerstören – etwa mithilfe KI-gesteuerter, dezentral arbeitender und hochproduktiver kleiner Einheiten für den Gemüseanbau: weniger Dünger, weniger Pestizide, mehr Ertrag auf kleinerer Fläche, größere Vielfalt. Zusätzlich nutzen wir leer stehende Gebäude für »Vertical Farming« in Hochhäusern und »Urban Farming« etwa auf Dächern und in städtischen Gärten. Befreien wir die Böden von zu viel Landwirtschaft! Indem wir sie Tieren und Wäldern zurückgeben, vermeiden wir jede Menge CO_2 und lösen gleichzeitig einen Teil des Hochwasserproblems. Manche der Areale nutzen wir auf möglichst schonende Weise, um Energie zu erzeugen.

VOM NIEMANDSLAND ZUM ZUKUNFTSORT

Der Standort *Avantis* ist ein ambitioniertes grenzüberschreitendes Unterfangen, das im Rahmen des »Regio Deal«-Abkommens zwischen Deutschland und den Niederlanden von den angrenzenden Kommunen ins Leben gerufen wurde, um Entwicklungsmöglichkeiten im Grenzgebiet zwischen der holländischen Parkstadt Limburg und der Städteregion Aachen Raum zu geben. Ich kannte das Areal von meiner Zeit als *StreetScooter*-Geschäftsführer: Genau dort bauten wir damals unser Versuchsgelände, eine kleine Übungs-»Stadt« als Zustellgebiet für unsere autonomen Fahrzeuge.

In dieser Zeit fahre ich oft an einigen Gebäuden vorbei und mache mir so meine Gedanken. »Was wäre, wenn … wir aus dem Areal einen Ort der Zukunft machten, an dem wir zeigen, was alles möglich ist?« Ich führe mehrere Gespräche auf deutscher und niederländischer Seite. Es beginnt mit einem Expertentreffen im Jahr 2019, bei dem die Vision einer »verbesserten Zusammenarbeit und Entwicklung des gemeinsamen Wirtschaftsraums zwischen den Niederlanden und Deutschland« diskutiert wird. Politiker, Unternehmer und Verwaltungsfachleute kommen hier zusammen und wollen zeigen, dass wir hier im Grenzgebiet nicht im Abseits sind, sondern mitten im Zentrum eines lebendigen Europas und zukunftsweisender Entwicklungen. Der historische Kontext reicht zurück bis zum Vertrag über die Europäische Union von 1992 in Maastricht, der eine Optimismuswelle und die Hoffnung auf neue wirtschaftliche Möglichkeiten in Süd-Limburg auslöste.

Die Ressourcenneutralität in den Bereichen Mobilität, Ökologie, Energie und Produktion soll hier entwickelt und konkret umgesetzt werden – das, was wir als *Humanotop*-Konzept bezeichnen.

Steigen wir doch einmal in den *StreetScooter* und fahren durch den Business-Park *Avantis.* Zuerst sehen wir tatsächlich … nichts, zumindest nichts von den »planungsrechtlichen Rahmenbedingungen Deutschlands und der Niederlande zu einem ökologischen und technologischen Experimentierfeld«, wie das ambitionierte Areal beworben wird. Gemeinsame Regelungen aus den Niederlanden und Deutschland schließen Wohnungen aus und stellen spezifische Anforderungen an Bebauung und Grünflächen. Wir fahren vorbei an mehreren Gebäuden, die durch ihre Formen und Beschilderungen erkennen lassen, dass es in ihnen mal um Dienstleistung, mal um Forschung, mal um Entwicklung, mal um Produktion geht. Von sozialer Infrastruktur und Nahversorgung ist nichts zu sehen. Zwischen den Bauwerken befinden sich große Grünflächen. Wir fahren an einem Solarfeld und etlichen Windkraftanlagen vorbei. Die Autobahn ist in ständiger Hörweite. Wir sehen vereinzelte Bushaltestellen – aber der Fahrplan sieht mager aus.

Das Gebäude, in dem sich mehr als ein Dutzend Unternehmen von groß bis klein, vom TÜV bis zum Engineeringunternehmen *Pem Motion,* angesiedelt haben, ließen chinesische Investoren errichten. Hier wurden einst Solaranlagen hergestellt. Doch dann stellten die Chinesen fest, dass sie daheim günstiger produzieren – und sie gaben den Standort auf. Das Gebäude aus den 2000er-Jahren hat die Form eines riesigen Vogels. Der *StreetScooter* parkt vor dem Eingang. Wir treten ein und stehen im Treppenhaus vor einer Sonnenskulptur, deren Umfang sich über beide Etagen erstreckt. Es ist 8 Uhr morgens. Fabian spurtet an mir vorbei. Er ist ein Mensch mit einem inneren Kraftwerk, dem nie die Energie auszugehen scheint. Man merkt ihm eine gewisse Ungeduld an, wenn seine Umgebung nicht sein Tempo und seine Beharrlichkeit teilt. Wir haben uns zur Zeit der *StreetScooter*-Entstehung kennen- und schätzen gelernt. Mittlerweile ist Fabian für das Gebäude und Gelände an unserem *Avantis*-Standort verantwortlich. »Keine Zeit«, ruft er mir kurz zu. Offenbar gibt es ein Problem mit dem stationären Energiespeicher aus alten Elektrofahrzeugbatterien, den wir in die Haustechnik integriert haben.

»Fabian regelt das schon – wie immer«, denke ich entspannt und mache mich auf den Weg in die zweite Etage zu meinem Büro. Mein Morgenritual: Ich stelle mich kurz an die Fensterfront und schaue auf die weite Landschaft hinaus. Dann fällt mein Blick hinab auf den Parkplatz mit seinen 30 Ladesäulen für E-Autos. Fast alle sind belegt. Am Anfang gab es etwas Unmut, als wir die Parkplätze für Fahrzeuge mit Verbrennungsmotoren gesperrt haben – doch mittlerweile besitzen etliche von uns ein Elektrofahrzeug. Ich sehe, wie ein Sharing-Fahrrad zur Station rauscht, die wir an das kommunale Pedelec-Verleihsystem angebunden haben. Manche Mitarbeiter kommen auch mit dem Bus hierher, seit wir mit dem ÖPNV-Anbieter die *Avantis*-Anbindung verbessert haben. Eine App für Fahrgemeinschaften und einen Fuhrpark für Fahrten während der Arbeit haben wir ebenfalls etabliert. »Es wird«, denke ich bei mir bei jedem Schritt.

Das Gebäude wurde auf Fernwärme umgestellt. Da wir weder das nahe gelegene Solarfeld noch das benachbarte Windrad mitnutzen können, haben wir angefangen, ein eigenes Solarfeld zu bauen. Eine Kantine ist inzwischen auch im Haus, um unnötige Fahrten in die Mittagspause zu vermeiden.

Um 12 Uhr treibt mich der Hunger genau dorthin. Unter anderem gibt es heute Fisch aus der Aquaponik-Zucht hinter unserem Gebäude. In der Warteschlange zur Essensausgabe treffe ich auf Marius, der mir Neues zu seinem Soldatenfliegen-Projekt erzählt. Eine prominente, auch in Aachen ansässige Schokoladenfabrik möchte mitmachen und ihre nicht mehr verwertbaren Produktionsreste als Nahrung für die Larven zur Verfügung stellen. Am Tisch setzt sich Peter zu uns. Der Strompreis bereitet ihm Sorgen. »Wann sind wir denn mit dem Solarfeld so weit?«, fragt er. Ich versichere ihm, dass es nicht mehr lange dauert, und wende mich Ansgar zu, der für unsere Zusammenarbeit mit dem in direkter Nachbarschaft angesiedelten TÜV verantwortlich ist. Das europaweit modernste unabhängige Prüfzentrum für Antriebsbatterien von Elektrofahrzeugen ist ein echter Erfolg, wir kommen mit den Tests kaum hinterher. Ich halte meine Mittagspause kurz und drehe eine kleine Runde durch die benachbarte Halle. Dort treffe ich auf Enno, einen begabten Konstrukteur, der gerade an einem Bausatz für ein Lasten-Pedelec tüftelt, das sich individuell an Körpergröße und Ladungsgut anpassen lässt. Dann gehe ich zurück ins Büro. Die nächsten Meetings warten.

KAPITEL 5

AUF ZUR REALISIERUNG – WEGE INS HUMANOTOP

DEN ZWEIFLERN ZUM TROTZ: EINFACH MAL MACHEN

Bis hierhin ist es eine schöne Vision – aber wer soll das eigentlich alles bezahlen? Wie lange soll das denn bitte dauern? Und überhaupt: Wenn das ginge – hätten wir es dann nicht schon längst gemacht? Diese Fragen stehen im Raum. Diese Fragen stehen genau genommen immer im Raum. Wir können über jeden Ansatz lang und breit diskutieren, und wir können ihn kritisieren, kleinreden, kaputtplanen. Denn nichts ist so sicher wie das: Wir könnten scheitern. Wer weiß schon, wie sich die Welt entwickelt? Planung ist gut und bis zu einem gewissen Grad notwendig, aber am Ende kommt eben doch vieles anders – und öfter ist das, was passiert, gut statt schlecht. Gerade wir Deutsche haben einen starken Hang dazu, potenzielle Probleme zu durchdenken, bis wir sie lösen können, bevor wir überhaupt mit etwas angefangen haben. Sind wir dann endlich bereit, Dinge anzupacken, ist ein vergleichbares Projekt anderswo längst entstanden. Nicht nur deutlich schneller, sondern womöglich auch schon besser. Vor allem aber: Wir hatten in dieser Zeit nicht die Möglichkeit, aus eigenen Fehlern zu lernen, unseren Kurs zu korrigieren, neue Wege zu entdecken. Auch haben wir keinerlei Anteil an eventueller Wertschöpfung. Kurzum: Wir verpassen den Anschluss, weil wir tief in der Theorie versinken, während andere in der Praxis aufblühen.

Ist das die »neue Deutschlandgeschwindigkeit«? Lethargie statt Laufen? Wir müssen den Mut haben, mit weniger Planung loszugehen und manche Risiken zuzulassen. Gut möglich, dass wir auf diesem Weg zu der Erkenntnis gelangen, gegen- oder nachsteuern zu müssen. Kurswechsel eben, kein Weltuntergang. Dazu gehört auch, dass wir unsere Probleme nicht weiter delegieren. Jeder Mensch muss Verantwortung übernehmen und gleichzeitig kompromissbereit sein. Anders können Teams nicht funktionieren. Ohne Teams aber kann Fortschritt nicht funktionieren. Wir müssen und können einen Mittelweg finden, auf dem wir Veränderung Zeit geben, aber nicht mehr 200 Jahre ins Land ziehen lassen, die es etwa von den Problemen der industriellen Revolution bis zum Lösungsansatz der »sozialen« Marktwirtschaft gebraucht hat.

Bevor wir in die Zukunft aufbrechen, reisen wir ein letztes Mal in die Vergangenheit, ins Jahr 1492. Ein gewisser Christoph verfolgt seinen Traum: Er möchte eine neue Handelsroute nach Indien entdecken und damit das gesamte Weltbild seiner Zeit infrage stellen. Viele Menschen halten ihn für einen Spinner, einen Fantasten, einen naiven Draufgänger – manch andere glauben an ihn. Seinen Zweiflern zum Trotz schafft er es schließlich: Nach der langen Reise seiner kleinen Flotte weniger Schiffe ist endlich Land in Sicht!

Frenetische Freude! Doch es ist nicht Indien. Es ist nicht das, was Christoph gesucht hatte. Es ist Amerika. Mehr als 530 Jahre später können wir daraus immer noch lernen, dass es zum einen mutige Menschen braucht, die neue Pfade beschreiten möchten, und zum anderen, dass diese Wege mit hoher Wahrscheinlichkeit an ein lohnendes Ziel führen – auch wenn der Erfolg mitunter ein anderer ist, als ursprünglich gedacht und geplant gewesen war. Wir brauchen also Ressourcen, ein Schiff, ein Team und etwas Ausdauer. Legen wir los – mit einer wegweisenden Vision und dem Wissen, dass das Ergebnis von ihr abweichen kann. Planen wir das Wesentliche – alles Weitere lernen wir auf dem Weg!

PRAXIS-PRIORITÄT: FREIRÄUME BEI GELD UND GESETZ

Beginnen wir beim Geld, einer der großen Kernressourcen unserer Zeit. Woher nehmen? Spielen wir ein kurzes Gedankenexperiment durch. Wir Deutsche besitzen auf unseren privaten Konten zusammengenommen mehr als 5000 Milliarden Euro. Das entspricht gut zehnmal dem kompletten Bundeshaushalt. Wie wäre es nun, wenn wir – anstatt die Steuern zu erhöhen – regionale Fonds mit zehn Prozent dieser Summe und damit einem kompletten Jahresbudget von Deutschland tatsächlich in die Transformation hin zu einer nachhaltigen Wertschöpfung investierten? Eine Stadt mit 250 000 Einwohnern hätte demnach ein Kapital von

1,7 Milliarden Euro für Investitionen in profitable und nachhaltige lokale Geschäfte zur Verfügung. Damit lässt sich schon etwas anfangen. Tun das die Menschen auch? Ist das realistisch? Das kann niemand vorhersehen, aber es wäre auf jeden Fall genügend privates Vermögen der Bürgerinnen und Bürger da. Wir haben das finanzielle Potenzial, unsere eigene Zukunft in die Hand zu nehmen, nicht nur unsere individuelle, sondern unsere kollektive.

Alles Geld nützt nichts, wenn wir neue Produkte und Ideen nicht endlich schneller in der Praxis erproben – vor allem in Verbindung mit anderen Innovationen, sodass sich verstärkende Effekte ergeben. Ähnlich einer Freihandelszone brauchen wir Innovationszonen, in denen wir die Regeln so anpassen, dass wir schnell entscheiden können, ob wir nun eine Erfolg versprechende Neuerung ins Leben gerufen haben oder eben nicht. Es geht darum, Risiken auf praktischer Basis abschätzen und dadurch Räume schaffen zu können, in denen die Aufwände zur Erprobung von Innovationen gering sind. Warum ist China so erfolgreich, und was können wir mit gutem Gewissen übernehmen? Die Chinesen verfügen über Freihandelszonen und über Möglichkeiten für Tests in ausreichend großem Maßstab, um Erfolg oder Misserfolg neuer Ansätze aus der Praxis heraus erkennen und beurteilen zu können. Dieser Weg, der bis in die Themen der Regulierung hineinreicht, sieht Erfolg versprechend aus: erst Erfahrung sammeln, dann gezielt regulieren – und nicht umgekehrt. Was können wir für uns daraus ableiten, neben der irritierenden Erkenntnis, dass wir als freiheitlich organisierte Demokratie ausgerechnet von China lernen dürfen, wie Freiraum für die Entfaltung von Kreativität funktioniert? Erste Ansätze bilden die sogenannten Reallabore, die es seit 2019 in Deutschland gibt. Dabei geht es um Gebiete, in denen ausgewählte Technologien befristet erprobt werden können und – durch »Experimentierklauseln« geschützt – gewisse Ausnahmen von bestehenden Gesetzen ermöglicht werden.

Mit Blick auf meinen Wirkungskreis gilt: Verwandeln wir also die Aachener Region in eine Innovationszone – in konsequenter Weiterentwicklung der Reallabore! Dafür gibt es nur wenige Zugeständnisse, die wir aus dem politischen Umfeld benötigen. Zum Beispiel: Die privaten Finanzmittel werden durch die bestehende Regelung zur Forschungszulage ergänzt, die Leistungen der Forschung und Entwicklung fördert. In den Innovationszonen werden die Bereiche des *Humanotops* durch ein juristisches Team unterstützt, das kontinuierlich Ausnahmegenehmigungen vorbereitet, zur Legitimierung empfiehlt und demzufolge nach Lösungen sucht, nicht nach Problemen. Ja, auch diese Juristinnen und Juristen gibt es. Außerdem: Bauvorhaben, die nicht in einer bestimmten Zeit erteilt oder abgelehnt werden, gelten automatisch als bewilligt. Neben Deutsch wird Englisch als Amtssprache zugelassen.

Die Entwicklungen wie zum Beispiel zum autonomen Fahren oder zu den Themen »Wohnen und Arbeiten« werden direkt vor Ort vorangetrieben und umgesetzt. Für die lokale

Skalierung steht privates Geld aus dem Fonds zur Verfügung. Die zu lösenden Probleme ergeben sich aus den städtischen sowie ländlichen Gegebenheiten der Region, und potenzielle Antworten darauf werden mit Ideen und Erfindungen aus dem Umfeld der *RWTH Aachen*, der *FH Aachen* und des *Forschungszentrums Jülich* abgeglichen. Neben dem Reifegrad der Produktideen und ihrer Produzierbarkeit im Kreislauf wird auch der Reifegrad des Geschäftsmodells betrachtet. Analog zum »Dealflow«, bei dem Investoren Investitionsmöglichkeiten bewerten, wird ein »Innovation Flow« gesteuert, bei dem wir systematisch Probleme sammeln und ihnen Lösungsbausteine zuordnen. Diese führen wir dann zu Systeminnovationen zusammen, wodurch wir Strukturierungen vornehmen und den Zufall beseitigen. So können wir auch erkennen, ob einige unserer Ideen auch in anderen Regionen helfen – und umgekehrt. Kurzum: Die Innovationen werden als Bündel betrachtet und derart miteinander kombiniert, dass die systemischen Probleme gelöst werden. Aus den Forschungslaboren der ansässigen Hochschulen wird dann durch die am Standort *Avantis* aufzubauende Entwicklungsinfrastruktur die Skalierung, also der Beweis, dass eine Idee in ein Produkt umgesetzt wird, welches sich massenhaft verkaufen lässt, vorangetrieben. Das Gleiche gilt für die Erprobung des jeweiligen Geschäftsmodells, die für den ländlichen Raum am Standort *Avantis* selbst und für die städtischen Bereiche in »Aachen City« erfolgt.

Unabhängig davon müssen wir Masterpläne entwerfen, die zu den unterschiedlichen Regionen passen und die dazu da sind, Lösungen für die Problemfelder »Nahrung«, »Bauen«, »Energie« und »Kreislaufwirtschaft« zu finden. Wenn es einen guten Plan gibt und viele Menschen Lust haben, sich daran zu beteiligen, damit er klappt, wird die Akzeptanz dafür immer größer, und das Ganze erhält viel mehr Kraft, als wenn nur ein paar Wissenschaftler dafür werben würden. In verschiedenen Einzelsträngen werden Teilaufgaben bearbeitet – und in der Mitte laufen die Fäden zu einem großen Ganzen zusammen. Gezielte Investitionen steuern die Projekte, und die bürokratischen Hürden sind so gering, dass sie die Innovation nicht behindern.

BESTAND ERKANNT – VON WIRTSCHAFT BIS WISSENSCHAFT

Wo finden wir Gleichgesinnte? Wie bringen wir sie zusammen? Wir analysieren, was bereits da ist, und machen aus unserer Ahnung eine sichere Erkenntnis: Wir fangen nicht bei null an, und viele von uns, auch in der Region Aachen, haben die Zeichen der Zeit erkannt und sich schon vor langer Zeit auf den Weg gemacht. Schauen wir uns beispielhaft einige Menschen und Unternehmen, Organisationen und Projekte an, um das Prinzip zu verdeutlichen.

Familie Peters etwa. Ihr Industrieunternehmen *NEUMAN & ESSER (NEA)* befindet sich seit seiner Gründung vor gut 200 Jahren stetig in Familienhand. Die Wurzeln reichen bis in das Zeitalter der industriellen Revolution zurück. 1841 baute *NEA* in Köln die ersten Gasbehälter Deutschlands, galt als eine der bedeutendsten Kupferschlägereien in der gesamten Rhein-Provinz und produzierte Dampfmaschinen, hydraulische Pressen und Schermaschinen. 1891 übernahm Oscar Peters als alleiniger Inhaber die Maschinenfabrik. Seitdem befindet sich *NEA* im Besitz der Familie Peters und hat sich als Maschinen- und Anlagenbauer von Kompressorsystemen für die industrielle Verarbeitung von Gasen einen großen Namen gemacht – zunächst in der klassischen Öl- und Gasindustrie sowie in der Petrochemie. Außerdem erweiterte das Unternehmen seinen Fokus auf Lösungen für die mechanische Verfahrenstechnik zum Zerkleinern und Klassieren von Rohstoffen. Als *NEA* vor fast zehn Jahren eine Firma für Hochdrucktechnik kaufte, war dies ein entscheidender Schritt hin zu einer umfassenden Neuausrichtung: Die Technologie des zugekauften Unternehmens ermöglichte eine Spezialisierung auf die Komprimierung von Wasserstoff als einer der wichtigsten Säulen der Energiewende. Weitere Neugründungen und Unternehmenszukäufe aus dem Bereich der »grünen Gase« folgten, beispielsweise die Übernahme eines brasilianischen Elektrolyseur-Herstellers. Der Firmenverbund hat sich als Komplettanbieter für Lösungen entlang der gesamten Wasserstoffwertschöpfungskette etabliert, von der Machbarkeitsstudie über Engineering, Bau und Inbetriebnahme bis hin zum digital unterstützten »Full Service« für Gesamtanlagen. Familie Peters hat es in den vergangenen mehr als 100 Jahren verstanden, eine global agierende Unternehmensgruppe für eine Zukunft mit erneuerbarer Energie zur Dekarbonisierung unserer Gesellschaft zu gestalten.

Warum diese stichpunktartige Stippvisite bei der Unternehmensgeschichte? Weil sich darin ein gutes Prinzip erkennen lässt: Man sollte in neue Triebe investieren, während die eigenen Zweige florieren – und nicht erst dann, wenn man bereits auf dem absteigenden Ast ist. *NEA* war in der Vergangenheit eng mit den »alten Technologien« und Anwendungen rund um Öl und Gas verbunden, und obwohl das Geschäft weiterhin blühte, begann das Unternehmen neue Bereiche wie »grüne Gase« und Wasserstoff aufzubauen. Eine gute Blaupause dafür, wie sich Unternehmen, die die Belegschaft, den Fortbestand des Unternehmens und die Nachhaltigkeit im Sinne der Umwelt im Blick haben, verantwortungsvoll weiterentwickeln können.

Was können wir noch auf der Habenseite verbuchen? Beispielsweise eine gehäufte Ansiedlung von IT- und Softwareunternehmen an der außerhalb von Aachens Innenstadt gelegenen Pascalstraße. Wo sich rund 70 solcher Betriebe niedergelassen haben, spricht man inzwischen schon vom »Software Valley Aachen«. Kein Wunder: Es handelt sich bei dem Standort um das Areal mit der höchsten Dichte von IT-Unternehmen in der Stadt und ihrer Umgebung. Die Akteure haben das gemeinsame Ziel ausgerufen, die Region digital im Sinne der Nachhaltigkeit voranzubringen – ein Bereich, in dem die Betriebe einige Kooperationen mit den beiden Aachener Hochschulen unterhalten.

Apropos »universitäres Umfeld«: In Aachen und Umgebung sind mehrere studentische Initiativen entstanden, die den Wandel zur Nachhaltigkeit unterstützen. Der Aachener

Studierendenverband-Ableger *Enactus* zum Beispiel, der es sich zur Aufgabe gemacht hat, das Lebensumfeld von Menschen zu verbessern, die Hilfe benötigen: Senioren, Pflegebedürftige, Menschen mit einer Behinderung.

Die Kombination von Unternehmertum, sozialer Verantwortung und ökologischer Nachhaltigkeit – auch »Social Entrepreneurship« genannt – soll entsprechende Strukturen mit lokalen Partnern aufbauen. Auf einer anderen Route befindet sich das *Team Sonnenwagen Aachen*, das als eingetragener Verein solarenergiebetriebene Autos entwickelt und herstellt, die sich im Wettbewerb mit anderen Teams messen und die Leistungsfähigkeit der nachhaltigen Solartechnologie demonstrieren sollen. Bei der *World Solar Challenge* auf einer mehr als 3000 Kilometer langen Strecke durch Australien sammelt das Team immer wieder neue, wichtige Erfahrungen und entfacht eine Technikbegeisterung, die dem Fortschritt der Solartechnologie dient.

In Aachen entwickelt sich außerdem eine lebhafte Start-up-Szene. So ist zum Auftakt des neuen Jahrtausends das Gründerzentrum der *RWTH* mit dem Ziel entstanden, eine entsprechende Kultur an der Universität und ihrer Umgebung zu schaffen und etwa Spin-off-Betriebe entlang ihres entstehenden Geschäfts mit Angeboten zu Mobilisierung, Training und Coaching zu unterstützen. Die Einrichtung hilft Unternehmensgründungen zudem bei Finanzierungsrunden. Gründungsinteressierte, die mit Stipendien auch finanziell gefördert werden können, bereitet das Zentrum mit Schulungen auf ihr potenzielles Unterfangen vor.

Etwas kleinteiliger, aber mit großen Ambitionen widmet sich etwa ein Vorhaben des Projekts *Humanotop Aldea* des Vereins *Ingenieure retten die Erde* unserem Umgang mit Wasser. Mitten in der Aachener Altstadt entsteht der »BüchelGarten« – ein Gemeinschaftsareal für die Bevölkerung, wo in Hochbeeten unterschiedliche Obst- und Gemüsesorten kultiviert werden und es am Wegrand Grünflächen und Sträucher gibt. Auf diesem Areal wird eine möglichst effiziente Bewässerung öffentlicher Grünanlagen und des Lebensmittelanbaus erprobt, da entsprechende Bereiche in der Stadt Aachen derzeit noch im großen Stil mit Trinkwasser versorgt werden. Mithilfe von Regenwasser und einem automatisierten Prototypensystem, das Wassertröpfchen gezielt an die Wurzeln der Pflanzen heranführt, lässt sich der Wasserverbrauch um bis zu 70 Prozent reduzieren. Der Strom für die Pumpen stammt aus einer Fotovoltaikanlage mit tragbarem Energiespeicher. Eine Bedarfs- und Machbarkeitsanalyse hatte zuvor ergeben, dass eine ausreichende Regenwasserversorgung durch ein lokales Auffangsystem mit zwei großen Tanks möglich ist.

Im derzeit entstehenden »Battery Valley« möchten wir mit mehreren Industriepartnern aus Aachen die gesamte Wertschöpfungskette des Recyclings abbilden und die dazugehörigen Prozesse entwickeln. Die Forschungsgruppe »Circular Economy & Materials« meines Lehrstuhls *PEM* der *RWTH Aachen* arbeitet an den noch offenen Stellen der Wertschöpfungskette, indem sie Projektanträge erarbeitet, die tiefer in die Prozesstechnologien des Recyclings und der Materialgewinnung einsteigen.

Das Institut ist in Sachen »Batterie« eng mit anderen Forschungseinrichtungen vernetzt, zu denen das *MEET-Zentrum* in Münster zählt. 35 Minuten Autofahrt von Aachen entfernt, betreiben zudem die belgische Universität Hasselt und das Flämische Institut für technologische Forschung das Zentrum *EnergyVille*, wo sowohl neuartige Batteriematerialien synthetisiert als auch im Labormaßstab in Zellen erprobt werden können. Das meinem Lehrstuhl benachbarte *RWTH-Institut für Stromrichtertechnik und elektrische Antriebe* forciert indes mit seinen Fähigkeiten der Analytik- und Batteriesteuerung die Nutzungsoptimierung sämtlicher Batterietechnologien. Um Innovationen vom Pilot- auf den Serienmaßstab bringen zu können, sind wir außerdem Standortpartner der im Aufbau befindlichen Fraunhofer-Einrichtung *Forschungsfertigung Batteriezelle (FFB)* in Münster, wo eine Innovationsinfrastruktur für die erste bis hin zur industriellen Anwendung entsteht. In diesem Rahmen können Unternehmen vor allem davon profitieren, dass sie viele eigene Investitionen so lange nicht stemmen müssen, bis sie wissen, dass ihr Vorhaben tatsächlich funktioniert.

Das entstehende Batterie-Ökosystem ist beispielhaft für andere, die wir für sämtliche Themen benötigen, um komplexe Probleme in kurzer Zeit lösen zu können. Durch die Zusammenarbeit zahlreicher Einrichtungen gelingt es, nicht nur Innovationen weiterzuentwickeln, sondern auch hochgradig spezialisierte Fachkräfte für die Batterie-Industrie der Zukunft auszubilden. Dadurch entwickelt sich in der Region ein zentraler Knotenpunkt für Batterie-Know-how, der den Erfolg einer robusten europäischen Wertschöpfungskette maßgeblich beeinflussen kann.

Die Entwicklung und Erprobung digitaler Werkzeuge bieten beste Chancen, die Batteriefertigung in Europa mit Blick auf ihre Anlaufzeit und Effizienz zu verbessern und dabei zum Beispiel die hohen Ausschussraten etablierter Serienproduktionen von Batteriezellen zu verringern, die oft noch im zweistelligen Prozentbereich liegen. Eine ebenso enorme Chance unseres Batterie-Ökosystems liegt außerdem in den Technologien der nächsten Generation jenseits der Lithium-Ionen-Akkus, bei denen die großen asiatischen Hersteller derzeit einen Vorsprung haben – noch.

In einer Zeit, in der sich Technologien und wirtschaftliche Rahmenbedingungen sehr schnell wandeln, ist Bildung entscheidend, und das Teilen von Wissen ist wichtig, um Fachkräfte weltweit auf künftige Herausforderungen vorzubereiten. Es braucht Aus- und Weiterbildung im Bereich der nachhaltigen Mobilität, um sicherzustellen, dass Arbeitskräfte mit technologischen Veränderungen Schritt halten und bei Innovationen führend sein können. Vor allem im globalen Süden trägt Bildung zur Chancengleichheit und Stärkung lokaler Ökonomien bei, da dort ein großer Bedarf an spezialisierten Trainingsprogrammen besteht. Der Fachkräftebedarf in den Sektoren der künstlichen Intelligenz und der Elektromobilität ist besonders hoch, was Investitionen in zielgerichtete Bildungsprogramme notwendig macht. Im Rahmen eines Verbunds von *PEM Motion,* der *Deutschen Gesellschaft für Internationale Zusammenarbeit,* der

RWTH Aachen und der *Transformative Urban Mobility Initiative* etwa entstehen »Massive Open Online Courses«, die speziell darauf ausgerichtet sind, weltweit Fachwissen und praktische Anwendungsbeispiele im Bereich nachhaltiger städtischer Mobilität zu verbreiten. Vor allem aber tragen solche internationalen Plattformen dazu bei, das Verständnis und die Implementierung von bereits vorhandenen Lösungen global zu verbessern.

Zahlreiche Akteure haben sich auf den Weg gemacht – und müssen mitunter nur noch erkennen, wie sich ihr jeweiliges Engagement zusammenführen lässt.

REALLABORE UND ÖKOSYSTEME: VON DER INVENTION ZUR INNOVATION

Dort, wo Entwicklungen ganzheitlich betrachtet werden, gelingt meist mehr. Deshalb bauen wir am Standort des Forschungszentrums nicht nur einen Kindergarten, Gastronomie und ein Besucherzentrum auf, sondern arbeiten an vielen Stellen daran, die Aufenthaltsqualität insgesamt zu erhöhen und den Austausch von Menschen und Unternehmen voranzutreiben. Im Zentrum *Technik&*, das wir entwickeln, geht es darum, den Einsatz von Technologien in den Kreisläufen von Wasser, Energie, Mobilität und Waren sichtbar zu machen: 3-D-Brille aufsetzen und durch Aachen 2050 fahren. Mein Avatar agiert, als befände ich mich bereits mitten in der Zukunft. Auf spielerische Weise wird so ein Tag in der Zukunft erlebbar. Die Besucher erfahren etwas über die Zusammenhänge und die Möglichkeiten, selbst ins Handeln zu kommen, eigene Ideen einzubringen. In der Stadt, auf dem Land – vom Regen bis zur Welt des Meeres, vom Boden bis ins Weltall und wieder zurück. Die Einrichtung soll als Marktplatz der Innovationen so viel Lösungswissen wie möglich im Sinne einer »Open Source« offenlegen. Immer geht es darum, einzelne Lösungsansätze auf intelligente Weise zu ganzheitlichen Systemen zu verbinden.

In einem *Wasserstoff-Reallabor* sollen die Bereiche Energie und Mobilität betrachtet werden können. Ein *Sun-E-Bike-Netzwerk* ist Teil der Antwort auf die Herausforderungen der urbanen Mobilität und des Klimaschutzes. Überdachte und mit Solartechnik ausgestattete Radwege verbinden *Avantis* mit den umliegenden Gewerbegebieten. Diese neue und wetterunabhängige Möglichkeit, sich fortzubewegen, ist bereits eine echte Touristenattraktion geworden! Außerdem wird in der Region endlich die schon seit Langem geplante Elektrotram gebaut, die aus dem Herzen Aachens kommend am Übungsflugplatz Merzbrück vorbei nach *Avantis* und von dort aus weiter in die Niederlande führt.

Häufig gibt es in Forschungseinrichtungen zwar gute Ideen, doch dann fehlt es Unternehmen an bestimmten Räumen und Umgebungen, um ihre Produkte unter geeigneten Bedingungen Realität werden zu lassen. Die Kombination aus Technologieforschung, sozialer Infrastruktur und nachhaltiger Mobilität macht *Avantis* zu einem *Humanotop*-Modellprojekt, das zeigt, wie sich komplexe Herausforderungen lösen lassen. In Ergänzung zur bestehenden Infrastruktur für Forschung ergeben sich für etablierte Unternehmen und Start-up-Betriebe Möglichkeiten, Ideen praktisch zu erproben und marktreife Produkte zu entwickeln. Cluster für »Life Science«, Mobilität, Wasser und Lebensmittel bieten dafür gute Voraussetzungen. Die Entwicklungsinfrastruktur hilft, die Investitionshürden zu senken und Innovationen auf diese Weise zu forcieren.

Verdeutlichen wir uns das für den Bereich »Life Science« konkret an der Medizin – und damit am Beispiel von Christopher, der sich für technologische Ideen und fremde Kulturen begeistert und dies in das *Avantis*-Netzwerk einbringt. Er ist »international aufgewachsen«, wir kommen bei einem Treffen in Koblenz ins Gespräch. Schnell merken wir: Wir ticken ziemlich ähnlich. Wir begeistern uns beide für Technologie – und für Menschen. Er engagiert sich dafür, Gesundheitstechnologien zu skalieren wie etwa Telemedizin in Entwicklungsländern. Sein Ansatz schließt die »frugale Innovation« ein, die mit dem in der Forschung und Entwicklung verbreiteten Paradigma des »Immer mehr, immer besser« bewusst bricht und eine vereinfachte, anwendungsorientierte Lösung im Blick hat, um kostengünstiger sein zu können. Die Telemedizin umfasst eine breite Palette von Technologien und Anwendungen, die es ermöglicht, medizinische Dienstleistungen mittels Telekommunikationsnetzen bereitzustellen, was eine effiziente Versorgung unabhängig von geografischen Entfernungen zulässt. Mit künstlicher Intelligenz möchte er ermöglichen, dass Patienten eine sichere medizinische Diagnose erhalten, auch wenn sie keinen Arzt sehen können. In manchen Gebieten der Welt gibt es schlicht keine Ärzte, oder die Wege dorthin wären zu beschwerlich. Da hilft die künstliche Intelligenz, indem sie auf Basis komplexer Algorithmen verschiedene Krankheitssymptome erkennt, medizinische Bilder interpretiert und Patientendaten analysiert.

Frugale, also »sparsame« Innovation hat sich als ein entscheidendes Konzept bei knappen Ressourcen und sozioökonomischen Ungleichheiten bewährt. Es bedeutet eine Abkehr vom »Immer mehr« und vom Maximum und damit eine Ausrichtung der Innovation auf mehr Nutzen mit weniger Aufwand; eine Reduktion auf das Wesentliche, das mit knappen Ressourcen erreichbar ist. Ein Ansatz, der also vor allem in Ländern mit knappen finanziellen Mitteln fruchtet, da er die Möglichkeit eröffnet, eine hochwertige Gesundheitsversorgung auch unter eingeschränkten Rahmenbedingungen zu gewährleisten.

Ein Beispiel dafür finden wir in einem Projekt rund um MRI-Scanner, das Christopher begleitet. Die normalerweise hohen Kosten für MRI-Scans und Investitionen in die Anschaffung werden durch den Einsatz schwächerer Magneten in Kombination mit komplexen Algorithmen minimiert. Ein »frugaler MRI-Scanner«, der am Universitätsklinikum Leiden entwickelt wurde, wird derzeit in Uganda getestet. Ein Netzwerk von MRT-Radiologen, Physikern, Bildwissenschaftlern, Ingenieuren und Technologen aus Afrika sowie weltweiten Partnern arbeitet gerade daran, diesen Scanner in sogenannten Entwicklungsländern zu etablieren.

Christopher orientiert sich auch am Ansatz der »zirkulären Innovation«, der von vornherein berücksichtigt, dass Produkte später neu aufbereitet und wiederverwendet werden. Krankenhäuser und andere medizinische Einrichtungen erzeugen große Mengen von Abfall, darunter Einwegprodukte wie Verpackungen, medizinische Instrumente und Einwegbekleidung. Wenn dort Recyclingprogramme eingeführt und wiederverwertbare oder biologisch abbaubare Materialien genutzt würden, könnte der Gesundheitssektor viel ressourcenschonender werden, sagt Christopher. Außerdem verbrauchen medizinische Einrichtungen sehr viel Wasser für Reinigung, Desinfektion und andere Zwecke. Aufbereitungsanlagen könnten dafür sorgen, dass Krankenhäuser weniger Wasser verbrauchen und dass das verbrauchte Wasser wieder in den Kreislauf zurückfließt, ohne die Umwelt zu belasten.

Dieses Beispiel verdeutlicht, dass wir nicht eine lose Aneinanderreihung von Inventionen und neuen Produkten brauchen, sondern dass wir auch das Ziel von Innovation und den Sinn dahinter diskutieren und anpassen müssen. Unser kleiner Exkurs zeigt zum einen, dass komplexe Probleme nicht durch einzelne Ideen gelöst werden, sondern durch mehrere Innovationen, die sich sinnvoll bündeln lassen, und zum anderen, dass sich das Ziel von Innovation durch den Fokus auf Effizienz und Kreislauf entscheidend erweitern lässt.

So entstehen Innovationskreisläufe, ein »Innovation Funnel« als Prozess, bei dem Innovationsideen und die notwendigen Schritte, um diese zu realisieren, herausgefiltert werden. Dabei geht es um die für Aachen und die Region relevanten Probleme, aber eben auch um Fragestellungen mit Blick auf weit entfernte Orte. An den Hochschulen werden Lösungen gesucht, diese in Geschäftsideen umgesetzt und auf *Avantis* skaliert. Die Ergebnisse entwickeln wir dann direkt weiter und verbessern den Kreislauf auf diese Weise immer mehr. Damit ist ein ganzheitliches Reallabor entstanden, in dem jeder Mensch in der Praxis beobachten und erleben kann, was funktioniert und was nicht. Gesellschaftliche Debatten lassen sich dadurch deutlich abkürzen, weil die theoretische Ebene der Wirklichkeit weicht.

Am Standort *Avantis* können wir Ökosysteme als Vorreiter für einzelne Themen wie die dekarbonisierte Mobilität schaffen, die wie unter einem Mikroskop sämtliche Stärken und Schwächen einer Idee offenbart, bevor es in die Skalierung geht. Dieser Schritt markiert den Übergang von der Konzeption einer nachhaltigen Zukunft zu ihrer Realisierung.

WIR SIND EH MOBIL – DOCH WIE GENAU?

Die Mobilitätslandschaft steht vor einem Wandel, so viel ist klar. Und jetzt? Wie schaffen wir das? Für die Zeit bis zum Jahr 2050 wird von allen relevanten Quellen ein drastischer Umbruch hin zu Elektromobilität, Sharing-Modellen und Automation prognostiziert. Gleichzeitig wird erwartet, dass das herkömmliche Pkw-Segment um 30 Prozent schrumpft. Vorhersagen, Ansichten – von denen es aber auch ganz andere gibt. Wohin geht also die Reise, worauf soll sich eine mittelgroße Stadt wie Aachen letztlich vorbereiten? Höchstwahrscheinlich darauf, dass es nicht die eine »finale« Antriebstechnologie geben wird – nicht die flächendeckende Batterieelektromobilität, nicht allein das Wasserstoffauto –, sondern eine Vielzahl von Fahrzeugen, die auf unterschiedliche Weise angetrieben werden. Dadurch wird auch die Infrastruktur zur Energieversorgung vielseitig sein – weg von der Vorstellung einer allein von E-Ladesäulen, Wasserstofftankstellen oder E-Fuel-Stationen geprägten Verkehrslandschaft. Deshalb wollen wir für Aachen einen Plan umsetzen, der es erlaubt, auf verschiedene Entwicklungen zu reagieren und sich möglichst gut den realen Veränderungen anzupassen, der aber auch Veränderungen ermöglicht und dadurch nicht nur abwartend ist. Dazu zählt, dass wir entlang der Hauptverkehrsachsen, an denen sich die Busfrequenz nicht weiter erhöhen lässt, erste Seilbahnabschnitte vorbereiten. ÖPNV und Individualverkehr verschmelzen genau hier.

Dass sich ein weitreichender Wandel hin zur Elektrifizierung unseres Straßenverkehrs vollzieht, steht fest. Schenken wir einer weiteren Prognose Glauben, sollen Elektrofahrzeuge im Jahr 2050 das Bild charakterisieren, womöglich sogar dominieren. Parallel dazu nimmt die Autonomie im Straßenverkehr zu, wobei gut die Hälfte der Fahrzeuge in diesem Sinne automatisch unterwegs sein soll. Diese Vision einer elektrifizierten und autonom gesteuerten Mobilität wird den Expertenvorhersagen zufolge von einem aufblühenden Carsharing- und Leichtelektrofahrzeug-Sektor begleitet, den viele Millionen Menschen in Deutschland nutzen. Daneben zeichnen sich weitere Trends ab, die unsere Mobilitätslandschaft in Zukunft prägen. Der Leitgedanke »Nutzen statt besitzen« gewinnt immer mehr Bedeutung, was sich in Sharing-Angeboten niederschlägt, und die Maxime »Kompakt statt massiv« setzt sich letztlich durch, was kleinere Fahrzeuge und Lösungen der Mikromobilität an die Stelle einer weitverbreiteten SUV-Nutzung treten lässt. Die EU verschärft zudem die Emissionsstandards, wodurch Elektrofahrzeuge aufgrund ihrer lokal emissionsfreien Eigenschaften immer mehr Akzeptanz am Markt erhalten. Gleichzeitig sinken die Preise für Batterien bis 2050 so drastisch, dass E-Autos endgültig deutlich günstiger in der Anschaffung und im Verbrauch sind als ihre Pendants mit Verbrennungsmotoren.

IN SECHS PHASEN ZUM MOBILITÄTS-HUB AACHEN

Wir Aachener stellen uns flexibel auf die Zukunft ein und rufen den »Öcher Hof« ins Leben. Diesen Aachener Mobilitäts-Hub, der aus Parkhaus, Logistikflächen und Mobilitätsstationen besteht, errichten wir im Zuge von sechs Ausbaustufen, um den steigenden Anforderungen und dynamischen Entwicklungen schrittweise gerecht zu werden und qualitativ wie quantitativ jederzeit auf die tatsächlichen Bedingungen und Bedürfnisse reagieren zu können.

STUFE 1: PARKHAUS MIT SYSTEM

In der frühen Phase weiten wir im Jahr 2025 die Ladepunkte aus und etablieren Mikromobilitätsstationen im Umfeld des Hubs. Dabei kombinieren wir ein »Systemparkhaus« mit Teilen eines automatisierten Parkhauses und ermöglichen die Digitalisierung der Parkplätze. Sogenannte Systemparkhäuser zeichnen sich dadurch aus, dass sie kostengünstiger sind und schneller gebaut werden können, weil sie aus Modulen bestehen, die standardmäßig zusammengebaut werden. Dieser Teil des Parkhauses bietet geringe Zugriffszeiten, also ein schnelles Ein- und Ausfahren, und versetzt uns in die Lage, Bauweisen zu implementieren, mit denen wir diesen Part des Gebäudes auf spätere Umwidmungen etwa für »Urban Farming« oder Büroflächen vorbereiten. Der automatisierte Teil des Parkhauses hingegen ermöglicht eine Reduktion der Flächen um 40 Prozent und des Raumes um 60 Prozent. Wir setzen sämtliche Brandschutzvorgaben für Elektrofahrzeuge um und schaffen eine optimale Infrastruktur inklusive induktiver Lademöglichkeiten. Wir kombinieren Ladeplätze für E-Autos und E-Bikes mit konventionellen Parkplätzen und nutzen die Dachfläche für Fotovoltaikmodule. Damit die Ladestationen nicht dauernd belegt sind mit Fahrzeugen, die längst aufgeladen sind, werden diese Fahrzeuge automatisch umgeparkt, sobald sie geladen sind. Die nachhaltige Energieversorgung stammt aus einem stationären Speicher, der von zahlreichen ausgedienten Elektrofahrzeugbatterien mit Strom versorgt wird. Die Anlage dient der autarken Energieversorgung, speichert erneuerbare Energie und stellt damit Ladeleistung zu Stoßzeiten bereit. Das System ist flexibel und kann jederzeit modular erweitert werden, zum Beispiel, wenn man mit Fotovoltaikmodulen oder Brennstoffzellen nachrüsten möchte.

STUFEN 2 UND 3: LADESÄULEN UND ENERGIESPEICHER

Im Jahr 2030 bauen wir noch mehr Ladesäulen und ergänzen das Angebot um Schnellladepunkte. Wir erweitern außerdem unsere Mikromobilitätsstationen und erhöhen die Anschlussleistung auf 370 Kilowatt. Der Marktanteil von Elektrofahrzeugen steigt in dieser Zeit wahrscheinlich auf 24 Prozent. In der dritten Phase weiten wir die Lade-Infrastruktur im Jahr 2035 erneut aus und integrieren Fassaden-Fotovoltaikmodule sowie stationäre Energiespeicher. Vor dem Hintergrund, dass Elektrofahrzeuge inzwischen einen Marktanteil von voraussichtlich 45 Prozent erreicht haben, lassen wir die Anschlussleistung auf 850 Kilowatt wachsen.

STUFEN 4 UND 5: MOBILE LADEROBOTER UND URBANE GÄRTEN

Während der Marktanteil von Elektrofahrzeugen auf 70 Prozent gestiegen ist, führen wir im Jahr 2040 vor allem mobile Laderoboter zur Stromversorgung ein und bauen möglicherweise einige stationäre Ladeplätze zurück. In der vorletzten Phase im Jahr 2045 wandeln wir ehemalige Dachparkplätze in urbane Gärten um. Die Gesamtzahl der privaten Autos ist auf 80 Prozent der Ausgangslage aus dem Jahr 2025 gesunken und der Marktanteil der Elektrofahrzeuge auf 81 Prozent gewachsen.

STUFE 6: WEG FREI FÜR LOGISTIK UND MIKROMOBILITÄT

Im Jahr 2050 ist die Gesamtzahl privater Autos auf 70 Prozent des Vergleichsjahres 2025 gesunken, und der Marktanteil von Elektrofahrzeugen hat 98 Prozent erreicht. Wir widmen ein Stockwerk unseres Mobilitäts-Hubs zu einem Logistik-Micro-Hub um, der Platz für einige Büroareale, vor allem aber für Paketstationen, Abstellflächen und Lademöglichkeiten für autonom fahrende City-Shuttles bietet. In allen Phasen haben wir mithilfe künstlicher Intelligenz das Parkplatzangebot digitalisiert. Verwaltung und Buchung funktionieren per mobilem Endgerät aus der Ferne, was die Zahl der absoluten Parkplätze reduziert, die Auslastung optimiert und die Auslagerung von Bedarfsspitzen auf Parkplätze im Umfeld sowie die direkte Navigation zum Parkplatz erlaubt.

Eine nutzungsfreundliche App regelt die Inanspruchnahme des Mobilitäts-Hubs. Die Software vereint unterschiedliche Funktionen in sich, etwa die Parkplatzbuchung, den Zugang zur Lade-Infrastruktur und eine individuelle Mobilitätsplanung. Die App ist mit externen Diensten und Plattformen verbunden, um auch Zahlungen und Routenplanungen zu ermöglichen. Die Sharing-Stationen für Elektrokleinfahrzeuge wie E-Bikes und Elektrolastenräder sind vollautomatisiert, und die Vehikel werden einfach in bestehende Informations- und Buchungssysteme integriert.

Mitarbeitende sämtlicher Einrichtungen profitieren von flächendeckenden Logistiklösungen. Auch Postbestellungen zeitnah zu senden und zu empfangen ist mithilfe digitaler Prozesse und modularer Paketstationen problemlos möglich. Auf Außen-Displays zur transparenten Campus-Kommunikation können die Menschen zentrale Informationen wie Auslastungsübersichten und Wetter- sowie ÖPNV-Daten ablesen. Dank teilautonomer Laderoboter mit einer großen Speicherbatterie und einer induktiven Ladeschnittstelle (also einer Möglichkeit, ohne Kabel zu laden) können vor allem kleine Elektrofahrzeuge flexibel an Ort und Stelle mit Strom versorgt werden, sodass einst zur Aufladung von E-Autos bestimmte Flächen für neue Nutzungen frei werden. *Aixponic* konzentriert sich inzwischen auf dic Umwidmung der Dachflächen – ganz im Sinne einer effizienten Ressourcennutzung und Förderung der Biodiversität im städtischen Raum. Fotovoltaikmodule sorgen dafür, dass die Dachflächen sich beinahe allein mit Energie versorgen können.

PÄCKCHEN OHNE REUE

Der Onlinehandel wächst, und das führt auch in Aachen vermehrt zu Staus auf den Straßen, einer Verschlechterung der Luftqualität und einem erhöhten Lärmpegel. Der Güterverkehr macht insgesamt 20 bis 30 Prozent des Stadtverkehrs aus und ist in Stoßzeiten für bis zu 80 Prozent des innerstädtischen Staus verantwortlich. Mehrere unterschiedliche Logistikanbieter beliefern zahlreiche Endkunden mit einer Vielzahl von Fahrzeugen. Das bringt neben dem reinen Verkehrsaufkommen – und den gewünschten Paketen – auch Parkplatzprobleme mit sich. Während es in Aachen zwar Tausende von Park- und Stellplätzen gibt, sind ausgewiesene Ladezonen eine Seltenheit. Hinzu kommt, dass Logistikfahrzeuge lange Zeit stehen und dabei viele Parkplätze blockieren. Außerdem betreiben die Dienstleister jeweils eigene Depots, in denen sie die Sendungen zwischenlagern, und besetzen damit eine unnötig große Gesamtfläche. Ebenfalls eine Herausforderung: genügend Menschen zu finden, die als Paketzustellende arbeiten möchten. Die Lösung: eine gemeinsam von vielen Firmen und Organisationen genutzte logistische Infrastruktur.

Dafür bietet sich in Aachen etwa das industriell genutzte Gelände rund um die ehemalige Waggonfabrik von *Talbot* an. Wo früher einmal Schienenfahrzeuge hergestellt wurden, gibt es sinnigerweise auch einen Gleisanschluss, und das Areal verfügt noch über zwei weitere Vorteile: Von hier aus ist man schnell in der Innenstadt und erreicht auch zügig die Autobahn. Wir errichten also den *Logistik-Hub*

Talbot als Infrastruktur zur bedarfsgerechten und kosteneffizienten Abwicklung sämtlicher Logistikströme, bei der emissionsfreie Zustellfahrzeuge zum Einsatz kommen. Dafür kombinieren wir drei Ansätze.

INTELLIGENTE TEILUNG: EIN SHARING-SYSTEM FÜR SÄMTLICHE FAHRTEN

Wie können wir aus »Standzeugen« wieder Fahrzeuge machen? Indem wir sie jeweils für unterschiedliche Verwendungszwecke möglichst häufig in Gebrauch nehmen. So können Dienstleistungsanbieter aus verschiedenen Bereichen ein zentrales Sharing-System nutzen. Szenario: Am frühen Morgen werden Zeitungen und Brötchen zugestellt, vom Vormittag bis zum Nachmittag Pakete geliefert, gegen Abend Lebensmittel und Medikamente befördert und im Übergang zur Nacht womöglich Wachdienste geleistet. Wenn wir durch Sharing-Konzepte optimieren, dass verschiedene Waren zusammen verteilt werden, sparen wir dadurch Kosten und Ressourcen.

Warenströme im *Logistik-Hub Talbot* zusammenzulegen und sie von dort aus in das Stadtgebiet zu verteilen ermöglicht eine optimale Ressourcenauslastung und beugt Staus vor. Abhängig von den bevorstehenden Zustellrouten und Paketmengen, kommen leichte Nutzfahrzeuge, Lastenräder oder andere Transportmittel zum Einsatz. Die Basis bildet ein »Logistics as a Service«-Konzept: Logistikdienstleistungen mithilfe einer digitalen Plattform zu bündeln würde auch dem Einzelhandel vor Ort ermöglichen, auf das Logistiknetzwerk zuzugreifen. Mithilfe von »Logistics as a Service« sind die Teilnehmenden und die Infrastruktur digital miteinander vernetzt. Die entsprechende Plattform sorgt für eine hohe Automatisierung und Optimierung sämtlicher Prozesse: So nimmt das System etwa beim Einsatz von batteriebetriebenen Elektrofahrzeugen permanente Anpassungen der Zustellrouten vor, indem es aktuelle Akku- und Reichweitendaten der Elektrofahrzeuge berücksichtigt, und Endkunden können den Status ihrer Bestellung in Echtzeit verfolgen. Zur Kommunikation zwischen Fahrzeug und Infrastruktur zählen auch datengestützte, vorbeugende Wartungsarbeiten, die mit entsprechenden Slots der Werkstatt verknüpft sind und wiederum die Effizienz der Aktivitäten steigern.

INTELLIGENTE VERTEILUNG: ULI LIEFERT ALLE GÜTER

Logistiknetze müssen nachhaltig und energieeffizient werden, ländliche und urbane Räume miteinander verknüpfen. Und für all das haben wir gute Ideen, die mich hoffnungsvoll in die Zukunft blicken lassen. Das »BaseCamp« auf dem *Talbot*-Gelände bildet den zentralen Anlaufpunkt überregionaler Logistikströme und entspricht einem klassischen Verteilerzentrum. Waren unterschiedlicher Lieferanten werden dort gelagert, gebündelt und für den Weitertransport mittels elektrisch betriebener Leichtfahrzeuge an Industrie- und vereinzelt auch Privatkunden vorbereitet. Im »BaseCamp« befinden sich zentrale Dienste zur Wartung und Reparatur der Fahrzeuge, Wasserstofftankstellen und E-Ladesäulen für deren Energieversorgung sowie Schadens-Scanner für die schnelle Abwicklung einzelner Aufträge. Direkt vor Ort gehen wir den Aufbau einer flächendeckenden Wasserstoff-Wertschöpfungskette an. Da das »BaseCamp« langfristig auf die Produktion von »grünem Wasserstoff« abzielt, berücksichtigen wir neben bedarfsgerechten Schwankungen der Sektoren »Haushalt« und »Mobilität« auch die Unbeständigkeit von Wind- und Solarenergie sowie die ökonomischen Variablen des allgemeinen Energiemarkts.

Als nächstkleinere Einheiten kommen *CityCamps* innerstädtischen Paketzentren gleich, von wo aus Waren mithilfe von Leichtfahrzeugen weitertransportiert werden und wo Endkunden ihre Lieferungen abholen können. Wir platzieren *CityCamps* in Fußgängerpassagen, leer stehenden Gewerbegebäuden und auf Parkplätzen. Cargo-Fahrräder und »Ducktrains« dienen als automatisierte Zustellfahrzeuge. Als kleinste Einheit richten wir »MobilityStations« in Gestalt von Paketboxen an zentralen und öffentlichen Plätzen ein – etwa an Bahnhöfen, Bushaltestellen und in Supermärkten, wo jeden Tag zahlreiche Menschen unterwegs sind. Ausgehend vom *Logistik-Hub Talbot,* der Recycling- und Warenströme bündelt, lassen wir entlang der Verkehrsachse Jülicher Straße eine Rohrpost-Trasse entstehen, die bis in die Innenstadt reicht und mit den dortigen »MobilityStations« verknüpft ist, die wir wiederum direkt mit »Mobility as a Service«-Stationen für das Sharing von E-Bikes und anderen Fahrzeugen der Mikromobilität verbinden. Dank ULI bündeln wir Logistikströme kosteneffizient, klimaneutral und bedarfsgerecht und lassen Strukturen für den Personen- und den Warenverkehr voneinander profitieren: ein nachhaltiges Logistiknetzwerk, mit dem wir städtische und ländliche Räume versorgen.

ENERGIEGELADEN: MEHR KAPAZITÄT UND HÖHERE EFFIZIENZ

Innovation und Verkehr befinden sich also auf einem guten Weg – der allerdings nicht weit führt, wenn wir die Energie dazu nicht haben. Wir gehen einer nachhaltigen Energieversorgung entgegen, die auf Autarkie, Fernwärme und einer Wasserstoffpartnerschaft mit Namibia basiert.

Die Aachener Stadtwerke haben sich vor einiger Zeit zum Ziel gesetzt, bereits bis zum Jahr 2030 klimaneutral zu werden, weshalb sie frühzeitig in eine Erzeugungskapazität von rund 350 Megawatt durch Sonnen- und Windenergie investiert haben. Weitere 400 Megawatt in Gestalt von 100 neuen Windkraftanlagen sind in Planung. Außerdem unterhalten die Stadtwerke Beteiligungen an Technologien wie Pumpspeicherkraftwerke, die beispielsweise 140 Megawatt hervorbringen. Bis 2030 realisiert der Versorger anhand zahlreicher Projekte einen Anstieg der Jahreskapazität aus erneuerbarer Energie von 550 Gigawattstunden auf eine

Terawattstunde. Das macht Aachen mit Blick auf Strom summa summarum klimaneutral.

Und unser Wärmebedarf? Sieben dezentrale Blockheizkraftwerke, die mit Biomethan oder Wasserstoff arbeiten, sorgen für Fernwärme. Außerdem werden derzeit einige Vorhaben zur Kraft-Wärme-Kopplung vorangebracht, und die Lade-Infrastruktur wird ausgebaut. Am Standort *Avantis* errichten wir eine Wasserstoffproduktion, die eine Leistung von zwei Megawatt erbringen kann und durch einen direkten Anschluss an die dort vorhandenen Windräder mit zwölf Megawatt abgerundet wird. Das Prinzip ist einfach: Wir möchten unsere Abhängigkeit von Importen deutlich reduzieren. Das bedeutet eine breite Elektrifizierung, weg von Gas und Öl, und dieser Prozess ist längst in vollem Gange. Im Jahr 2019 betrug der Wärmebedarf in Aachen 2960 Gigawattstunden. Durch Steigerungen in der Effizienz werden wir ihn bis zum Jahr 2045 auf 2075 Gigawattstunden senken. Außerdem erweitern wir unser Fernwärmenetz, das zum Ausgangszeitpunkt mit einer Länge von rund 100 Kilometern rund 330 Gigawattstunden pro Jahr produziert. Nach dem Ausbau auf eine Terawattstunde können wir 50 Prozent des jährlichen Bedarfs in Aachen decken, wozu wir Trassen von 4000 Kilowattstunden pro Meter erschließen. Und: Durch intelligente Sanierung sinkt unser jährlicher Wärmebedarf bis 2045 um 30 Prozent auf eine halbe Terawattstunde. Kraft-Wärme-Kopplung aus dem benachbarten Weisweiler und Blockheizkraftwerke spielen eine zentrale Rolle. Nutzen wir in der Übergangsphase noch

Heizwerke mit Müllverbrennung, stellen wir unser System Schritt für Schritt auf Eigenerzeugung durch Wasserstoff-Gasturbinen um, das von Abwasserwärmepumpen, einer Thermalwasserwärmepumpe am Aachener Schwertbad und von Biomasseheizwerken ergänzt wird.

An dieser Stelle kommt unsere Kooperation mit Namibia ins Spiel. Wie wir gesehen haben, wird dort bald in hohem Maße »grüner Wasserstoff« erzeugt, der mit Schiffen nach Rotterdam transportiert wird und von dort aus mit Tanklastern, die mithilfe von Oberleitungstechnologie umweltfreundlich nach Aachen fahren, zu uns gelangt.

LEBENSMITTEL-PUNKTE: BIOHÖFE UND GENOSSENSCHAFTEN

Wie heißt es so schön? »Man ist, was man isst!« Und in der Folge: Man erkennt einen Menschen auch daran, wie er mit seinen Lebensmitteln umgeht. Ob er sich gegen jegliche Verschwendung einsetzt und versucht, wesentlich mehr Nahrungsmittel lokal zu erzeugen. Ob sämtliche nicht verkauften, aussortierten Lebensmittel aus den Supermärkten Tag für Tag eingesammelt und alles Verwendbare an die »Tafeln« weitergegeben wird. Alles Übrige kann an die Larven der Schwarzen Soldatenfliege verfüttert werden – und was dann noch verbleibt, wird dem Recycling (etwa dem von Kunststoffen) zugeführt. In Zukunft sind es 100 Container, in denen die Larven jeden Tag Tiernahrung produzieren. Den Protein-Output reichen wir an die Aquaponik- und die Hühnerfarmen weiter. So erzeugen wir Eier, Fleisch, Fisch und Pflanzen in einem Maße, das für ganz Aachen ausreicht.

Mit den Landwirten entlang unseres Solarradwegs zwischen *Avantis* und Aachen schließen wir eine Bürgerpartnerschaft und entsprechende Lieferverträge. In der gesamten Umgebung werden zahlreiche Parzellen intensiv und automatisiert für den Gemüseanbau genutzt. Wir Bürgerinnen und Bürger können, wie in einem Planspiel, den Gemüseanbau selbst steuern und auch selbst vor Ort sein. Die im Hintergrund arbeitende KI-Lösung weist auf eventuelle »Fehler« hin und greift im Bedarfsfall ein, sodass wir hohe Erträge auf allen Flächen erzielen.

In der malerischen Landschaft des Aachener Wurmtals erstreckt sich auf gut zwei Hektar Land ein besonderer Biohof, der sein Areal nach den Grundsätzen des ökologischen Landbaus bewirtschaftet. Dort gedeihen mehr als 40 verschiedene Gemüsesorten, von saftigen Tomaten und knackigen Gurken bis hin zu aromatischen Karotten und kräftiger Rote Bete. Zahlreiche Kräuter und Blumen sind nicht nur dazu da, den Hof schön aussehen zu lassen, sondern auch dazu, die Bodengesundheit durch natürliche Fruchtfolge und Mischkultur zu fördern. Dank dieser Vielfalt kann der Hof nahezu das ganze Jahr lang eine reiche Auswahl anbieten. Das Herzstück des Hofs ist sein Engagement für den direkten Vertrieb. Der eigene Hofladen, lokale Wochenmärkte und die wöchentlich gelieferte Gemüsekiste schaffen eine direkte Verbindung zu den Menschen in der Umgebung. Die Versorgung regionaler Restaurants und kleiner Lebensmittelgeschäfte stärkt die lokale Wirtschaft.

Der Biohof setzt auf Nachhaltigkeit als Essenz für Existenz. Dafür hat er sich bei all seinem Erfahrungsschatz auch innovativen Konzepten geöffnet. Automatisierte Kleingeräte, gesteuert von künstlicher Intelligenz und Planungsprogrammen, erledigen die Arbeit effizient, ohne sich negativ auf die Umwelt auszuwirken. Das Team setzt auf Kompostierung, Gründüngung und den Einsatz von Nützlingen zur Schädlingsbeseitigung. Gesammeltes Regenwasser dient der Bewässerung, und »Erneuerbare« decken den Energiebedarf des Hofes, der auch deswegen floriert, weil er in die Gemeinschaft eingebunden ist. Mit seinem Angebot von Führungen, Workshops und anderen Veranstaltungen öffnet der Hof seine Pforten für alle Interessierten und fördert dadurch bei der Bevölkerung ein Bewusstsein für die Bedeutung nachhaltiger, ökologischer, lokaler Landwirtschaft und Lebensmittel.

Diese Biohof-Vision spiegelt ein erfolgreiches Modell des »Market Gardening« in Deutschland wider. Hier wird das Land intensiv genutzt, Gemüse nachhaltig angebaut und verkauft – und ganz nebenbei die lokale Wirtschaft belebt, die Böden gesund gehalten und die Gemeinschaft gestärkt.

Angespornt von diesen Erfahrungen, gründet sich 2024 eine »Market Gardening«-Genossenschaft. Ihre Mitglieder sind acht Bürgerinnen und Bürger, die nicht nur ihr Essen, sondern auch dessen Erzeugung selbst in die Hand nehmen möchten. Auf gerade einmal 5000 Quadratmeter Anbaufläche rufen sie eine vielfältige und ökologisch nachhaltige Gärtnerei ins Leben. Das System beruht auf einer intensiven Nutzung kleiner Flächen für den Anbau einer großen Gemüsevielfalt. Um optimale Wachstumsbedingungen zu schaffen, reichert die Genossenschaft den fruchtbaren Boden ihres Standorts mithilfe des Konzepts der »Ökologischen Wissensakademie« an. Dazu zählt der Aufbau eines Bewässerungssystems, das eine schnelle und effiziente Wasserversorgung ermöglicht. Das Team experimentiert schließlich mit verschiedenen Gemüsesorten und Anbaumethoden und stellt seine Erfahrungen auf einer »Open Source«-Plattform zur Verfügung, da sich inzwischen immer mehr ähnliche Gemeinschaften mit unterschiedlichen Angeboten gründen, die von der »Community« ständig weiterentwickelt werden. Seine Ernte verteilt das Team an die Genossenschaftsmitglieder, und Überschüsse gelangen durch den Verkauf von Gemüsekisten direkt an Endverbraucher aus der Umgebung.

Ähnlich, wie es der Biohof tut, teilt die Genossenschaft ihr Wissen rund um nachhaltige Landwirtschaft in Form von Führungen und Workshops. In beiden Initiativen werden Technologien zur Automation und der künstlichen Intelligenz erprobt und schrittweise zur Marktreife gebracht.

ALTERNATIV-LOS: STADT JEGLICHER LEBENSQUALITÄT

Unsere Stadt in nicht allzu ferner Zukunft: Es gibt eine enge Verbindung zwischen Aachen und Afrika im Sinne des »Social Entrepreneurship«. Startpunkt waren die Wasserstofflieferungen aus Namibia. Mittlerweile findet ein intensiver Schüler- und Studentenaustausch statt, und ein Teil des Aachener Invest-Fonds fördert den Ausbau von Handel und Wissen zwischen afrikanischen Ländern. Vor allem im IT-Bereich sind etliche Start-up-Unternehmen entstanden, die in beiden Märkten aktiv sind. Das in Aachen ansässige Hilfswerk Misereor hat dabei geholfen, einen Austausch auf Augenhöhe zu etablieren.

Auch mit Costa Rica unterhält Aachen eine Partnerschaft: Ausgangspunkt ist die Kaffeeproduktion, die durch den Einsatz von Agroforstsystemen eine nachhaltige Revolution erfahren hat. Gemeinsam mit Kleinbauern und mittelgroßen Betrieben haben wir uns auf den Anbau von »Schattenkaffee« geeinigt, für den Kaffeepflanzen unter dem Schutz von Bäumen gedeihen. Dabei verzichten wir vollständig auf chemische Düngemittel und Pestizide. Stattdessen liefern wir natürlichen Dünger, der aus der Produktion der Soldatenfliegenlarven stammt. Die Agroforstwirtschaft-Partnerschaft mit Costa Rica zeigt eindrucksvoll, wie sich traditioneller Anbau und moderne Ökologie erfolgreich miteinander kombinieren lassen. Das verbessert die Lebensbedingungen der Bauern und leistet einen wertvollen Beitrag zum Umweltschutz.

Auch in Aachen selbst tut sich viel. Die Kirchen und die sie umgebenden Gelände sind zu »Wandelpunkten« geworden, die der Spiritualität genauso wie der Kommunikation dienen – aber auch der Energieerzeugung durch Wind und Sonne, indem die großen Dächer als Kollektorfläche genutzt werden. Teile der Kirchenräume sind abgetrennt, um dort den Bewohnerinnen und Bewohnern aus dem näheren Umfeld praktische Hilfe anzubieten – etwa bei der Reparatur von Alltagsgegenständen. Der *CHIO,* das Weltfest des Pferdesports, ist zu einem Ort erweitert worden, an dem die Menschen sich über Aspekte der Artenvielfalt und des Tierschutzes austauschen. Auf dem Gelände in der Soers werden Erfolgsbeispiele aus aller Welt präsentiert und Seminare dazu genutzt, voneinander zu lernen und Wissen weiterzugeben.

Indes hat der Internationale Karlspreis seine Friedensbemühungen deutlich ausgebaut und eine eigene Stiftung zur Völkerverständigung etabliert. Das 34 Hektar große Gelände »Camp Hitfeld«, das eine ehemalige belgische Kaserne umfasst, die 1948 nach dem Zweiten Weltkrieg von der damaligen belgischen Besatzungsmacht errichtet wurde und später vollkommen verlassen war, ist zum ersten vollständigen *Humanotop* geworden. Auf dem Areal ist eine autarke Siedlung entstanden. Hier wohnen und arbeiten 2500 Menschen, was der Bevölkerungsdichte einer Innenstadt aus dem Jahr 2024 entspricht. Jeden Tag besuchen ebenso viele Interessierte das *Humanotop,* um die dortige Lebensweise zu bestaunen und nachzuempfinden. Der Stadtteil ist per Tram mit Aachen verbunden, und das Konzept der »bunten Gebäude« ist zur Realität geworden.

KAPITEL 6

JETZT BIST DU DRAN!

Heute ist Heiligabend. Ich sitze auf dem Sofa, und mein Blick wandert vom Weihnachtsbaum zu meinen fünf Kindern, die mit ihren Geschenken beschäftigt sind. Die Tanne ist traditionell mit Wachskerzen, Christbaumkugeln und Strohsternen geschmückt. Der Schein der Kerzen taucht den Raum in ein freundliches, warmes Licht. Ich bin zufrieden, aber in mir wohnt ein Geist, der nur selten ganz zur Ruhe kommt. So schweifen meine Gedanken auch immer wieder in Richtung des kommenden Jahres – und ich denke daran, was ich bald alles angehen und ändern muss, damit es wirklich vorangeht. Dabei schleichen sich auch Sorgen über die großen Aufgaben der Transformation rund um den Klimawandel und die Verkehrswende in meine Gedankenwelt. Ich male mir aus, wie meine Kinder in 20 Jahren wohl Weihnachten erleben.

Während ich in meine Gedanken versinke, verschwindet mein Wohnzimmer um mich herum, und mein Geist beginnt, nach Lösungen zu suchen, zu erkennen, was wichtig und richtig ist. Dabei kommt mir die Kindergeschichte vom Geist der Weihnacht in den Sinn, und während ich mich noch frage, ob die Betrachtung der persönlichen Lebensgeschichte und das Lernen aus ihr nicht auch ein gutes Modell für die gesamte Menschheit wäre, führt mich der Geist der Weihnacht ins Jahr 2050 auf den Marktplatz von Aachen.

Ich bin gerade aus der Seilbahngondel gestiegen. Das Fest der Zirkularität ist in vollem Gange. Seit Aachen vor zwei Jahrzehnten erstmals 20 Prozent seiner wirtschaftlichen Prozesse im Kreislauf gehalten hat, wird dieses Fest einmal pro Jahr mit der Präsentation neuer Fortschritte begangen – und die nächsthöhere Quote gefeiert. In diesem Jahr ist es ein besonderes Ereignis, mehr noch als sonst, denn wir haben es geschafft! Fast 100 Prozent Kreislaufwirtschaft, klimaneutral! Wir waren etwas später als geplant, daher mussten wir zahlreiche Maßnahmen zur Anpassung an lange Trockenperioden und Starkregenereignisse vornehmen, aber die ganz große Katastrophe blieb glücklicherweise aus.

Zielstrebig gehe ich auf den Stand des Humanotops zu. Dort sitzen an einem langen Tisch sämtliche Wegbegleiter der vergangenen Jahrzehnte. Einige Plätze sind leer. Dort halten wir das Gedenken an diejenigen aufrecht, die die Reise mit uns angetreten waren und inzwischen gestorben sind – eine Erinnerung an den gemeinsamen Aufbruch und die Gemeinschaft im Leben. Ich werde von vielen Menschen mit fröhlichen Gesichtern empfangen.

NACHWORT

IM SINNE DER GESAMTLÖSUNG – MAXIMEN FÜR UNS EINZELNE

Es gibt noch einiges zu tun. Bis wir am Ziel angelangt sind, konsumieren unsere Städte enorme Ressourcen aus dem Umland und bedienen sich weit darüber hinaus. Sie beuten ihre Umgebung aus, wie eine Kolonie, die sich dadurch Vorteile verschafft. Es ist Zeit zum Umdenken, vor allem aber: Zeit zum Handeln. Für unsere Städte und Dörfer stehen jetzt die Umsetzung und die Maßstabsvergrößerung sämtlicher Konzepte an – damit wir im Jahr 2050 tatsächlich feiern können. Was kann jede und jeder Einzelne von uns jetzt also tun? Eine ganze Menge! Jeder Mensch handelt vor dem Hintergrund seiner eigenen Rahmenbedingungen, Talente und Möglichkeiten. Alle aber können gleichermaßen eine gewisse Geisteshaltung einnehmen, die bei der Reflexion des eigenen Beitrags zum Gelingen unserer Zukunft hilft.

1. BEGINNE BEI DIR SELBST UND TEILE DEIN WISSEN

Wir haben die Prinzipien des Kreislaufs kennengelernt – und rundum festgestellt, dass wir von einem wirklichen Trend dorthin weit entfernt sind. Jede und jeder Einzelne von uns kann Produkte länger nutzen und mit der eigenen, täglichen Kaufentscheidung dazu beitragen, dass nachhaltige Waren künftig den Markt dominieren. Essen, Kleidung, Verpackung: Wir alle können unsere Verschwendung in enormem Maße reduzieren. Für uns alle gilt: Mach den

Transparenz-Check und führe Buch über deine persönliche Ver(sch)wendung! Dann beginnt es quasi von selbst, den Trend stoppen und umkehren zu wollen. Hausbau, Solaranlage, Balkonkraftwerk, Heizung, Mobilität: Schaue stets auf deinen Verbrauch! Und dann: Teile deine Erfahrung mit anderen!

2. UNTERSTÜTZE DIE IDEEN ANDERER MENSCHEN

»Alle eben so viel, wie sie können«: Nach diesem Grundsatz kann jede und jeder einen Betrag aufbringen und ihn in die richtigen Kanäle für Natur, Artenvielfalt und einen regionalen Bürgerfonds lenken. Vorschlag: zehn Prozent des eigenen Vermögens als Kreislauf-Investment. Gleichzeitig wollen wir es anders machen als Krabben in Gefangenschaft, die, wenn sie einmal merken, dass eine von ihnen entkommt, ihren Artgenossen immer wieder zurück ins gemeinsame Gefängnis ziehen. Entwickeln wir uns also von einem »Volk der Krabben« zu einem Volk der Unterstützer, das gönnen kann und das jedem einzelnen Menschen erlaubt, aus dem eigenen Scheitern und dem seiner Mitmenschen zu lernen. Wir haben das Zeug dazu!

3. WÜRDIGE ALTES UND NUTZE NEUES

Wir haben in der Vergangenheit so vieles gelernt – und machen dennoch immer wieder längst bekannte Fehler. Jede und jeder Einzelne von uns kann altes Wissen kultivieren – und gleichzeitig bei aller berechtigten Vorsicht neuen Ideen und Technologien mit Offenheit gegenübertreten. Wenn wir Altes und Neues unvoreingenommen zusammenbringen, erzielen wir wirklich Fortschritt – im Sinne einer Generationen-Fusion. Wenn die Menschheit wüsste, was die Menschheit weiß … dann gibt es deutlich weniger Probleme und wesentlich mehr Lösungen.

4. HABE KEINE ANGST VOR DEM SCHEITERN

Es gibt jede Menge Pläne und Prognosen. Allein: Gewissheit gibt es nicht. Und deshalb ist es so wichtig, einfach loszulegen. Mut zu haben, etwas zu wagen. Manche Wege werden Irrwege sein. Unternehmen, Projekte und Initiativen werden scheitern. Na und? Es ist gerade dieser Begriff, den wir dringend umdeuten müssen. »Scheitern« ist kein Versagen, nichts Endgültiges. Scheitern ist die natürliche Konsequenz aus Versuch und Irrtum – und seit jeher die einzige Möglichkeit, wie wir Menschen nachhaltig lernen und uns weiterentwickeln können! Wer scheitert, hat bewiesen, etwas Neues versucht zu haben, und kann beim nächsten oder übernächsten Mal erfolgreich sein.

Wir schaffen es: ein System, das äußerst effizient funktioniert und das dort, wo es sinnvoll ist, lokal arbeitet und Kreisläufe kurz und überschaubar hält – eingebettet in den Austausch einer globalen Wirtschaftswelt. Wir gehen in einen Wettbewerb der guten Lösungen, nicht nur der guten Ideen. Ein Wettstreit mit Ergebnissen, nicht mit Worten. Ein Wettbewerb, bei dem wir am Ende tatsächlich alle zu den Gewinnern zählen.

Prof. Dr. Achim Kampker, Jahrgang 1976, ist deutscher Ingenieur, Miterfinder des in Aachen entwickelten Elektrofahrzeugs *StreetScooter* und Mitbegründer der *StreetScooter GmbH.* Bis Ende 2013 leitete Kampker den Lehrstuhl für Produktionsmanagement an der Fakultät für Maschinenwesen der RWTH Aachen. Seit Januar 2014 ist er Leiter des von ihm gegründeten Lehrstuhls *Production Engineering of E-Mobility Components (PEM)* der RWTH Aachen. Im Juni 2019 ergriff er die Initiative zur Gründung des Vereins *Ingenieure retten die Erde.*

Für ein gutes Leben

Der Begriff »günstiger« verspricht uns goldene Zeiten. Von der Würde des Tieres – davon spricht leider kaum einer, wenn es um Lebensmittel geht. Karl-Ludwig Schweisfurth war einst der Chef von »Herta« – einer der größten Fleischfabriken Europas. Dann verkaufte er alles und realisierte seinen Traum von einer verantwortungsvollen Landwirtschaft. Der 2020 verstorbene Öko-Pionier wusste stets, wovon er spricht. Gemeinsam mit Enkelin Sophie, die seine »Herrmannsdorfer Landwerkstätten« heute leitet, entfaltete er die faszinierende Vision eines Lebens, das wir am Ende nicht bereuen müssen. Denn die Würde des Menschen beginnt mit dem Respekt vor den Tieren.

Karl-Ludwig & Sophie Schweisfurth

Das geht so nicht weiter!

112 Seiten · Hardcover mit Leineneinband
ISBN 978-3-96340-056-8
€ [D] 12,– · € [A] 12,40